Gakken

みなさんへ

みなさんの中に
「数学の問題が解けない」
「数字がたくさん並んでいて，どうすれば良いかわからない」
と悩んでいる人はいませんか。

問題を解くにあたって，
「なにから始めたらいいの？」
「この計算で必要な定理や公式は？」
などと感じたことはありませんか。

『高校 数学Cをひとつひとつわかりやすく。』を使って学習していけば，数学Cの基礎的な内容を確認することができます。また，この本で用いる計算やグラフに，それほど複雑なものはありません。教科書の内容をひとつひとつていねいに解説してありますし，問題が穴埋めになっていますので，ひとりで学習することができます。それをくりかえすことで，最終的に，問題を解く“力”を身につけることができます。

数学Cを学習する上では，記号の意味を考え，自分の手を動かして計算し，図をかいてみたりして，自分なりに考えることが大切です。

この本は，「平面ベクトル」「空間ベクトル」「複素数平面」「２次曲線」の４章からできており，問題を解くことを通して，定理や公式を理解し，身につくように説明しています。

この本で学習することによって，ひとりでも多くの人に，自学自習の習慣を身につけ，わかる喜びを感じてもらえたら，うれしく思います。

学研編集部

この本の使い方

1回15分，読む→解く→わかる！

1回分の学習は2ページです。毎日少しずつ学習を進めましょう。

左ページが書き込み式の解説です。

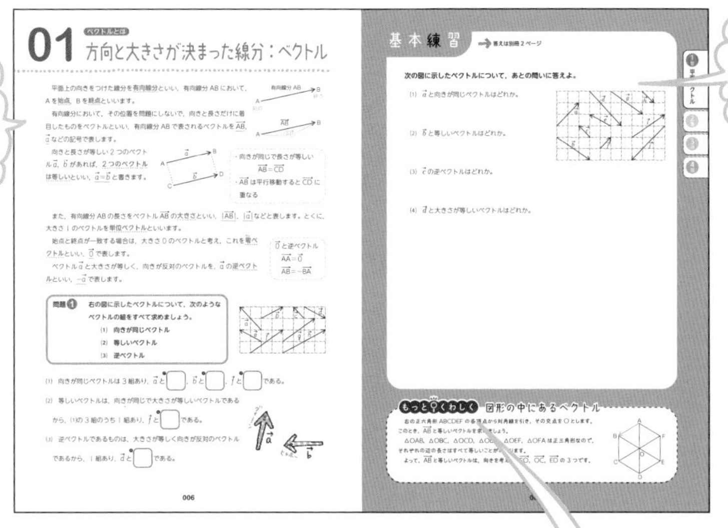

書き込み式の練習問題です。

ポイント　ミス注意
まちがえやすい部分や学習のコツがのっています。

もっとくわしく　よくあるまちがい
さらにくわしい内容がのっています。

答え合わせも簡単・わかりやすい！

解答は本体に軽くのりづけしてあるので，引っぱって取り外してください。問題とセットで答えが印刷してあるので，簡単に答え合わせできます。

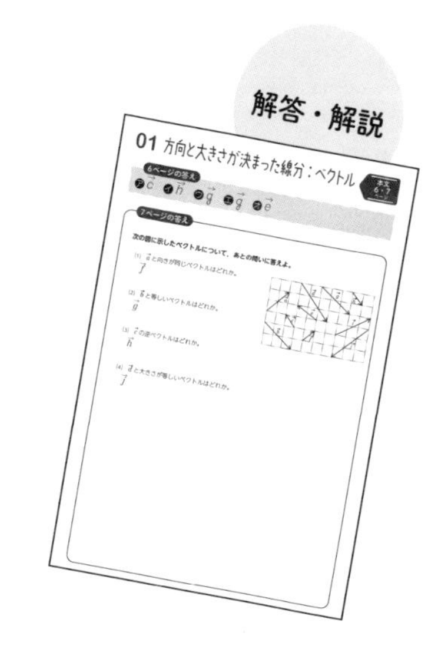

復習テストで，テストの点数アップ！

各分野のあとに，これまで学習した内容を確認するための「復習テスト」があります。

高校数学C

1章 平面ベクトル

2章 空間ベクトル

3章 複素数平面

4章 2次曲線

01 ベクトルとは
方向と大きさが決まった線分：ベクトル

平面上の向きをつけた線分を**有向線分**といい，有向線分 AB において，A を**始点**，B を**終点**といいます。

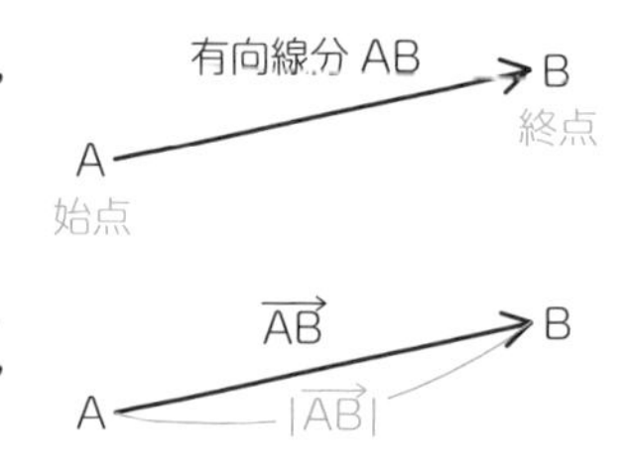

有向線分において，その位置を問題にしないで，向きと長さだけに着目したものをベクトルといい，有向線分 AB で表されるベクトルを $\overrightarrow{AB}$，$\vec{a}$ などの記号で表します。

向きと長さが等しい 2 つのベクトル $\vec{a}$，$\vec{b}$ があれば，**2 つのベクトルは等しい**といい，$\vec{a}=\vec{b}$ と書きます。

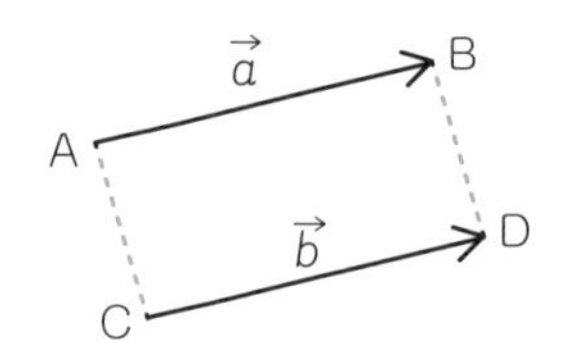

・向きが同じで長さが等しい
$\overrightarrow{AB}=\overrightarrow{CD}$
・$\overrightarrow{AB}$ は平行移動すると $\overrightarrow{CD}$ に重なる

また，有向線分 AB の長さをベクトル $\overrightarrow{AB}$ の**大きさ**といい，$|\overrightarrow{AB}|$，$|\vec{a}|$ などと表します。とくに，大きさ 1 のベクトルを**単位ベクトル**といいます。

始点と終点が一致する場合は，大きさ 0 のベクトルと考え，これを**零**（れい）**ベクトル**といい，$\vec{0}$ で表します。

ベクトル $\vec{a}$ と大きさが等しく，向きが反対のベクトルを，$\vec{a}$ の**逆ベクトル**といい，$-\vec{a}$ で表します。

$\vec{0}$ と逆ベクトル
$\overrightarrow{AA}=\vec{0}$
$\overrightarrow{AB}=-\overrightarrow{BA}$

問題 1　右の図に示したベクトルについて，次のようなベクトルの組をすべて求めましょう。

(1)　向きが同じベクトル
(2)　等しいベクトル
(3)　逆ベクトル

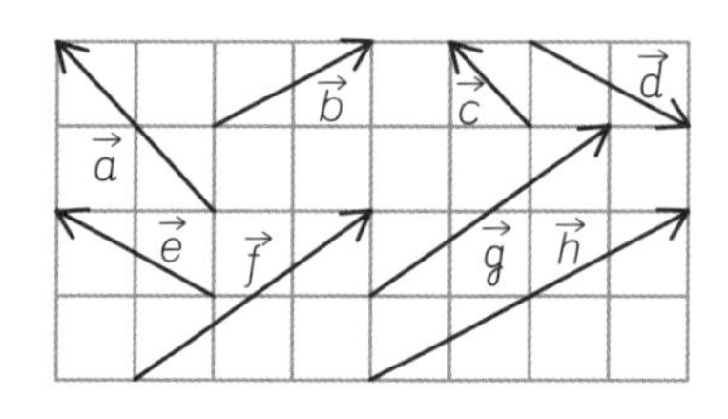

(1)　向きが同じベクトルは 3 組あり，$\vec{a}$ と ア□，$\vec{b}$ と イ□，$\vec{f}$ と ウ□ である。

(2)　等しいベクトルは，向きが同じで大きさが等しいベクトルであるから，(1)の 3 組のうち 1 組あり，$\vec{f}$ と エ□ である。

(3)　逆ベクトルであるものは，大きさが等しく向きが反対のベクトルであるから，1 組あり，$\vec{d}$ と オ□ である。

基本練習

答えは別冊 2 ページ

4章

次の図に示したベクトルについて，あとの問いに答えよ。

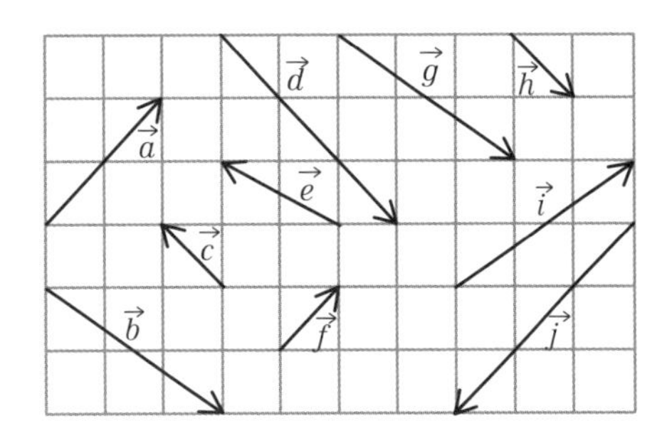

(1) $\vec{a}$ と向きが同じベクトルはどれか。

(2) $\vec{b}$ と等しいベクトルはどれか。

(3) $\vec{c}$ の逆ベクトルはどれか。

(4) $\vec{d}$ と大きさが等しいベクトルはどれか。

もっとくわしく 図形の中にあるベクトル

右の正六角形 ABCDEF の各頂点から対角線を引き，その交点を O とします。このとき，$\overrightarrow{AB}$ と等しいベクトルを求めましょう。

△OAB，△OBC，△OCD，△ODE，△OEF，△OFA は正三角形なので，それぞれの辺の長さはすべて等しいことがわかります。

よって，$\overrightarrow{AB}$ と等しいベクトルは，向きを考えて，$\overrightarrow{FO}$，$\overrightarrow{OC}$，$\overrightarrow{ED}$ の 3 つです。

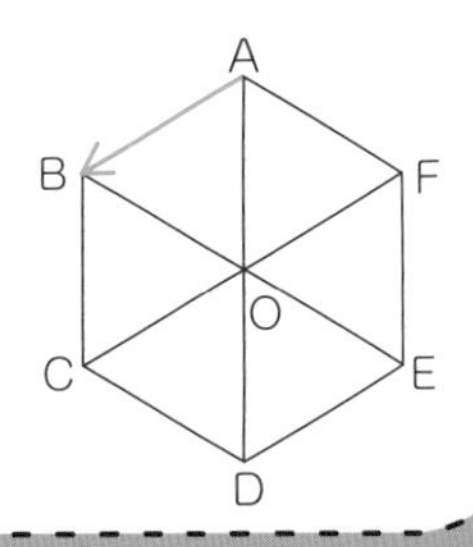

02 ベクトルを足してみよう

ベクトルの加法

ベクトルの加法について考えてみましょう。

2つのベクトル $\vec{a}$, $\vec{b}$ について，$\overrightarrow{AB}=\vec{a}$, $\overrightarrow{BC}=\vec{b}$ とするとき，$\overrightarrow{AC}$ を $\vec{a}$ と $\vec{b}$ の**和**といい，$\vec{a}+\vec{b}$ と表します。

したがって，右のことが成り立ちます。

【ベクトルの和】
$$\overrightarrow{AB}+\overrightarrow{BC}=\overrightarrow{AC}$$

ベクトルを足すときは，次のような手順で行います。

❶ $\vec{a}=\overrightarrow{AB}$ とし，$\overrightarrow{BC}=\vec{b}$ となるように $\vec{b}$ を平行移動する。
❷ $\vec{a}$ の始点 A から $\vec{b}$ の終点 C に矢印をかく。
この矢印 $\overrightarrow{AC}$ が $\vec{a}+\vec{b}$

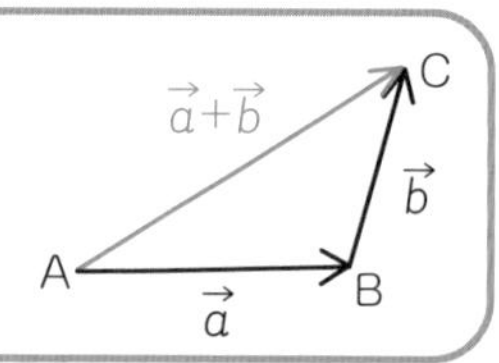

問題 1 $\vec{a}$, $\vec{b}$ が次の(1)～(3)のように与えられるとき，$\vec{a}+\vec{b}$ を図示しましょう。

(1)

(2)

(3)

大きさと向きに注意して，$\vec{a}+\vec{b}$ を図示しましょう。

(1)

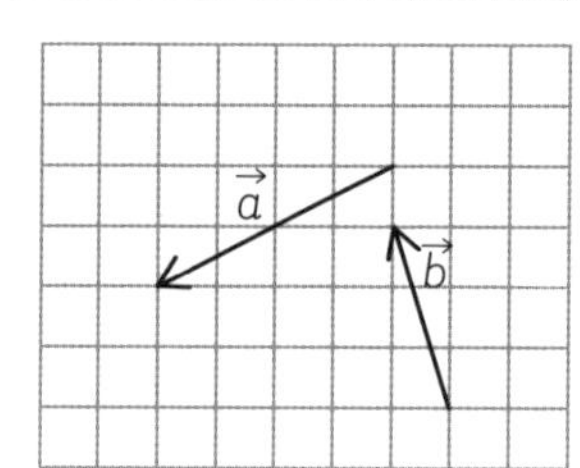

(2)

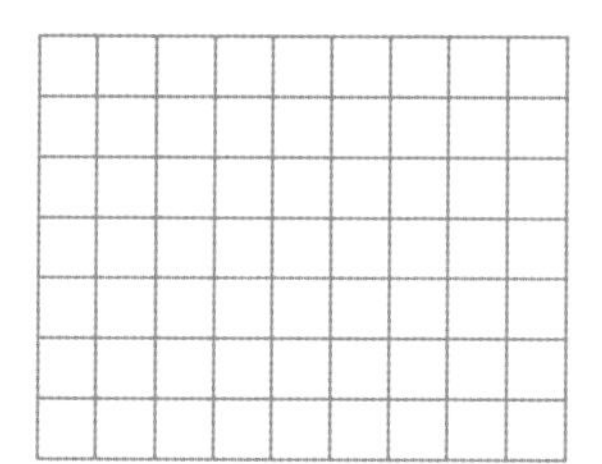

(3)

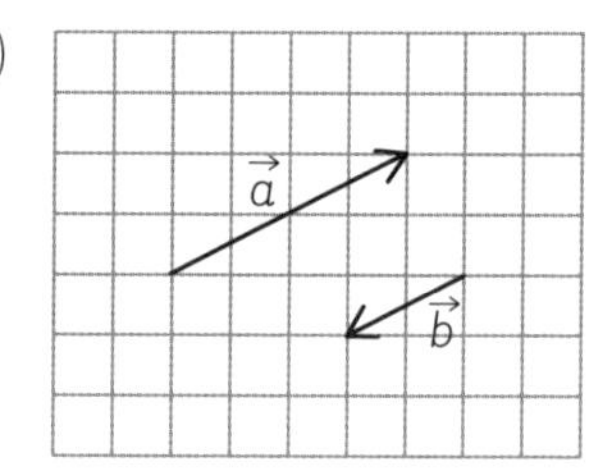

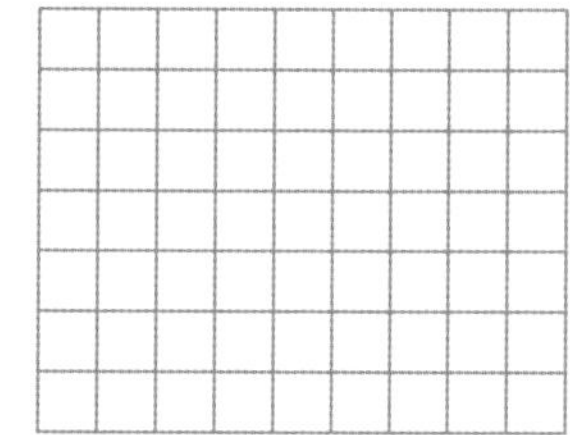

ベクトルの加法について，次のことが成り立ちます。

【ベクトルの加法の性質】

[1] $\vec{a}+\vec{b}=\vec{b}+\vec{a}$

[2] $(\vec{a}+\vec{b})+\vec{c}=\vec{a}+(\vec{b}+\vec{c})$

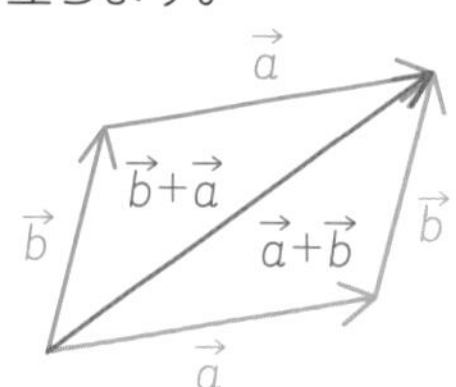

$\vec{c}$ $\vec{b}+\vec{c}$ $\vec{a}+\vec{b}+\vec{c}$ $\vec{a}+\vec{b}$ $\vec{b}$ $\vec{a}$

$(\vec{a}+\vec{b})+\vec{c}$ と $\vec{a}+(\vec{b}+\vec{c})$ を単に $\vec{a}+\vec{b}+\vec{c}$ と書きます。

基本練習

答えは別冊 2 ページ

$\vec{a}$, $\vec{b}$ が次のように与えられるとき，和 $\vec{a}+\vec{b}$ を図示せよ。

(1)

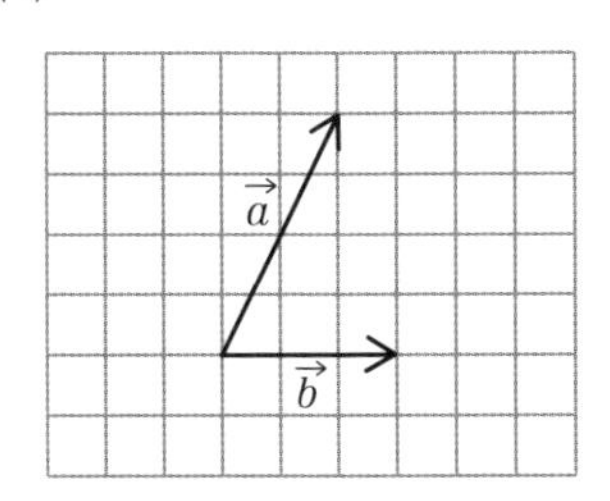

(2)

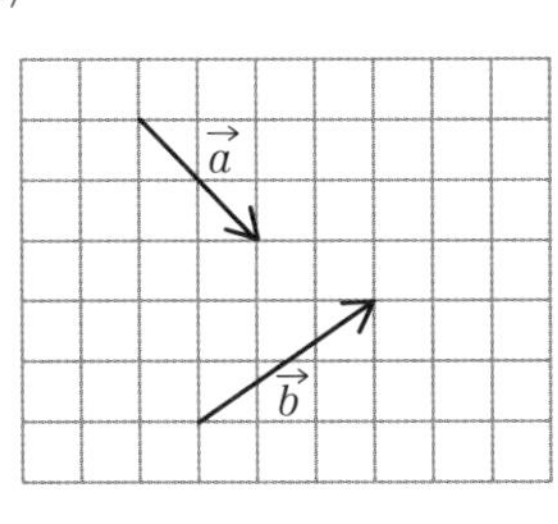

(3)

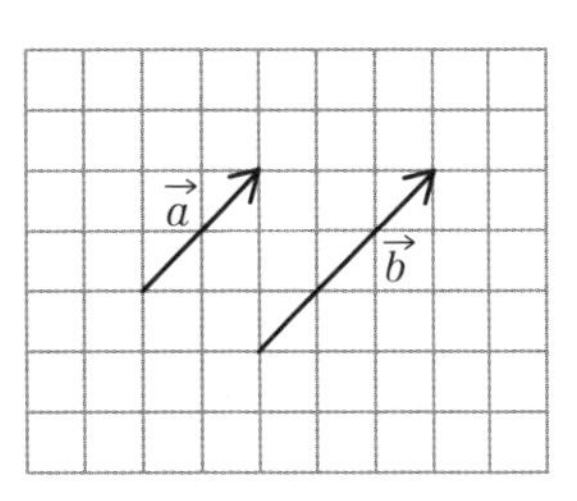

(1)

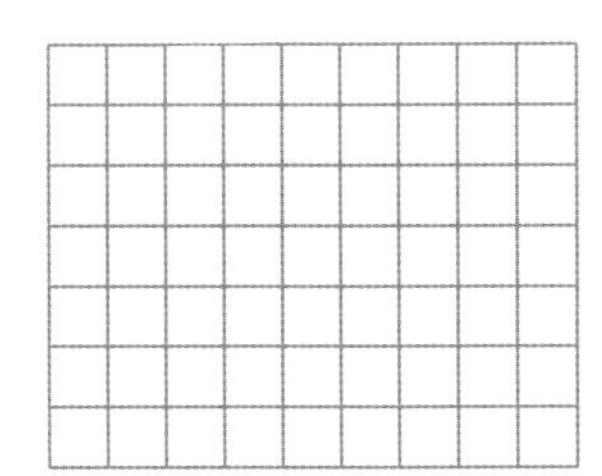

(2)

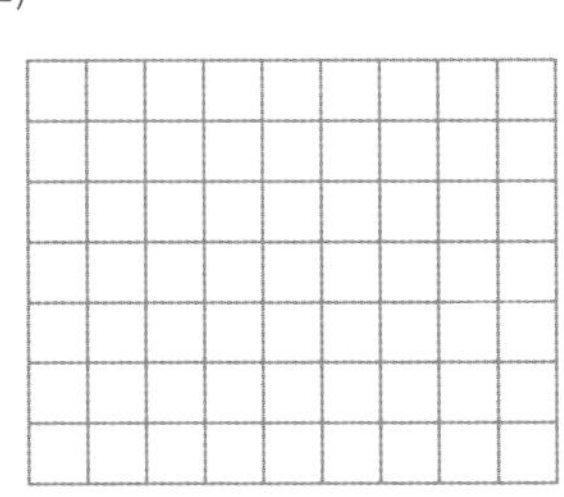

(3)

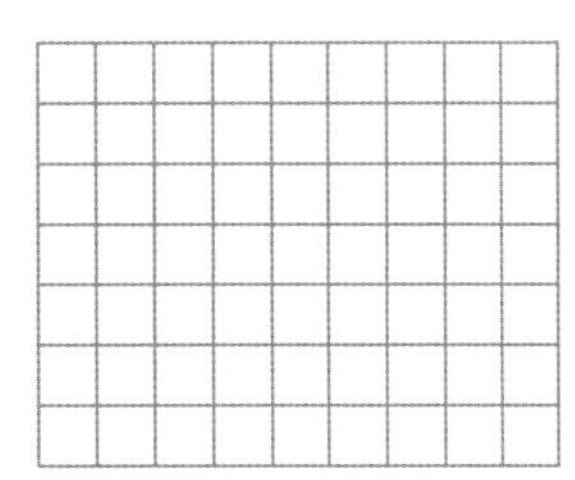

もっとくわしく $\vec{a}+\vec{b}+\vec{c}$ を図示しよう

$\vec{a}$, $\vec{b}$, $\vec{c}$ が右の図のように与えられるとき，$\vec{a}+\vec{b}+\vec{c}$ を図示しましょう。位置は関係なく，向きと長さだけに着目し，1つのベクトルの終点から，次のベクトルが始まるように，ベクトルを平行移動していきます。

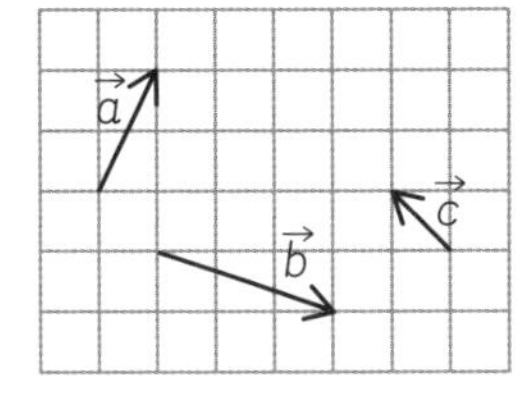

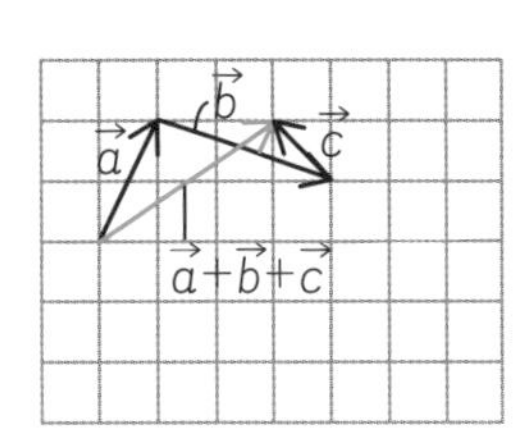

03 ベクトルを引いてみよう

ベクトルの減法

ベクトル$\vec{a}$に対して，大きさが等しく，向きが反対のベクトルを**逆ベクトル**といい，$-\vec{a}$で表しました。

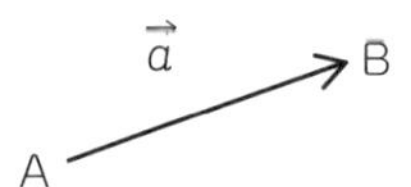

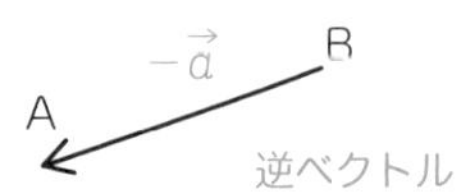

ここでは，ベクトルの減法について考えてみましょう。

$\vec{b}+\vec{c}=\vec{a}$を満たすベクトル$\vec{c}$を$\vec{a}$と$\vec{b}$の**差**といい，$\vec{a}-\vec{b}$と書きます。

右の図のように，$\overrightarrow{OA}=\vec{a}$，$\overrightarrow{OB}=\vec{b}$とすると

$$\overrightarrow{BA}=\overrightarrow{BO}+\overrightarrow{OA}=-\overrightarrow{OB}+\overrightarrow{OA} \qquad \overrightarrow{AB}=\overrightarrow{AO}+\overrightarrow{OB}=-\overrightarrow{OA}+\overrightarrow{OB}$$

であるから，右のことが成り立ちます。

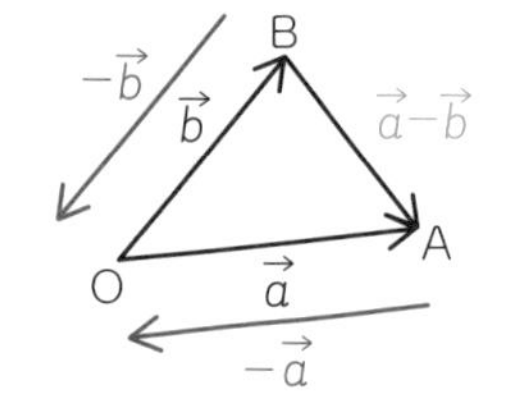

【ベクトルの差】

[1] $\overrightarrow{OA}-\overrightarrow{OB}=\overrightarrow{BA}$　　[2] $\overrightarrow{AB}=\overrightarrow{OB}-\overrightarrow{OA}$

ベクトルを引くときは，次のような手順で行います。

❶ $\vec{b}$の逆ベクトル$-\vec{b}$をかく。

❷ $-\vec{b}$の始点が$\vec{a}$の終点と重なるように平行移動する。

❸ $\vec{a}$の始点から$-\vec{b}$の終点に矢印をかく。この矢印が$\vec{a}-\vec{b}$。

問題1　$\vec{a}$，$\vec{b}$が次の(1)～(3)のように与えられるとき，$\vec{a}-\vec{b}$を図示しましょう。

(1)

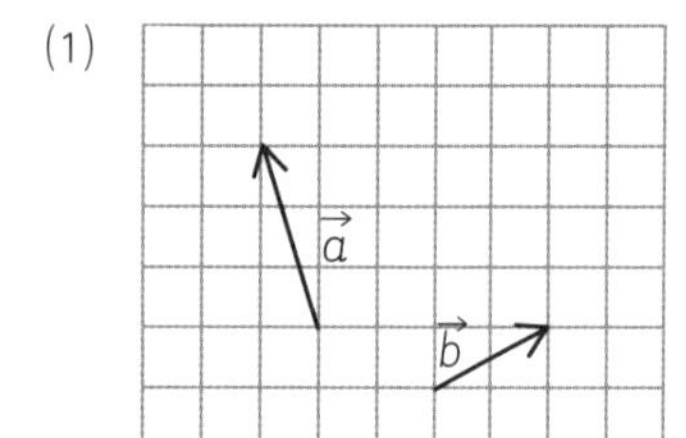

(2)

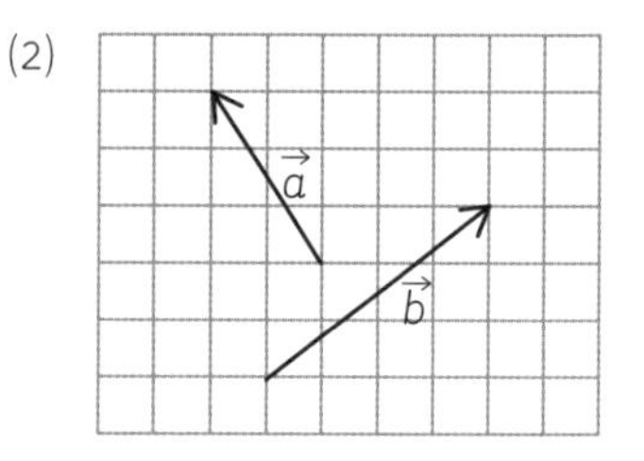

(3)

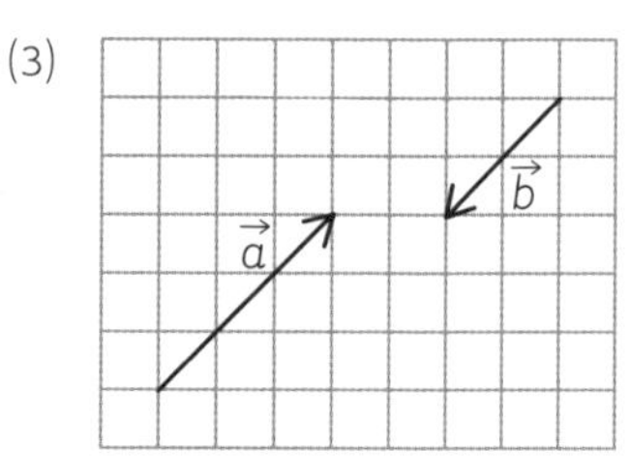

大きさと向きに注意して，$\vec{a}-\vec{b}$を図示しましょう。

(1)

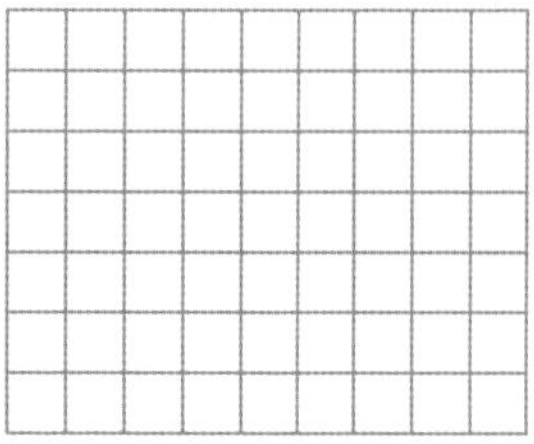

(2)

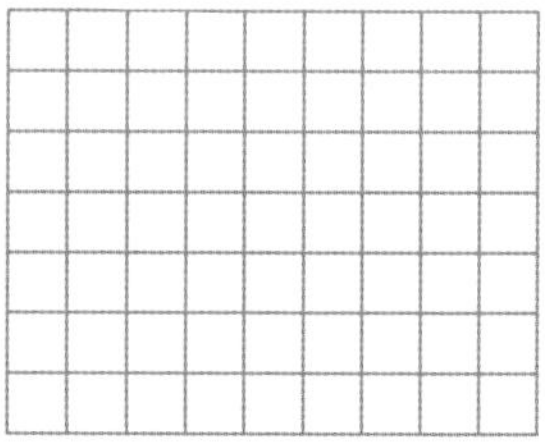

(3)

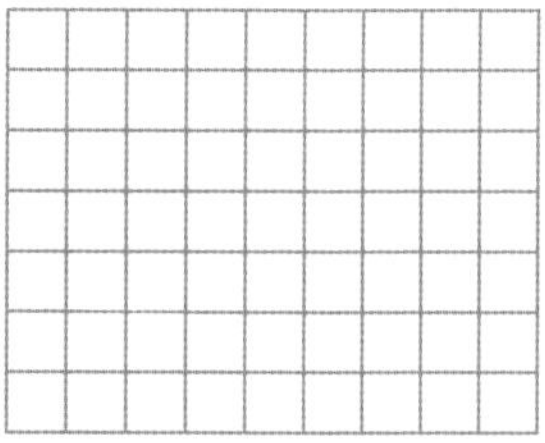

また，ベクトルの減法について，右のことが成り立ちます。

【ベクトルの減法の性質】

[1] $\vec{a}-\vec{b}=\vec{a}+(-\vec{b})$　　[2] $\vec{a}-\vec{a}=\vec{0}$

基本練習

答えは別冊2ページ

$\vec{a}$，$\vec{b}$ が次のように与えられるとき，差 $\vec{a}-\vec{b}$ を図示せよ。

(1)

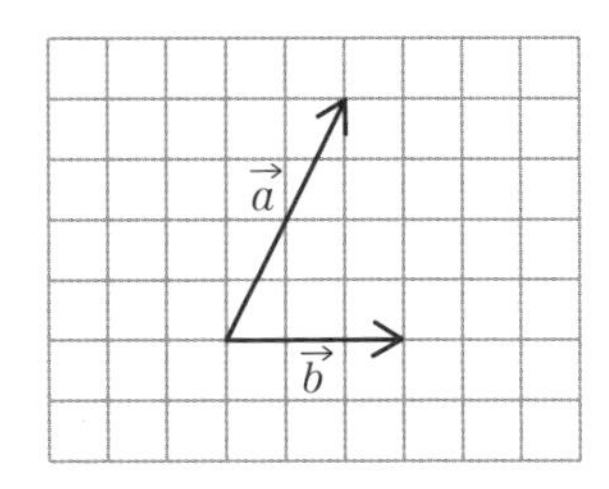

(2)

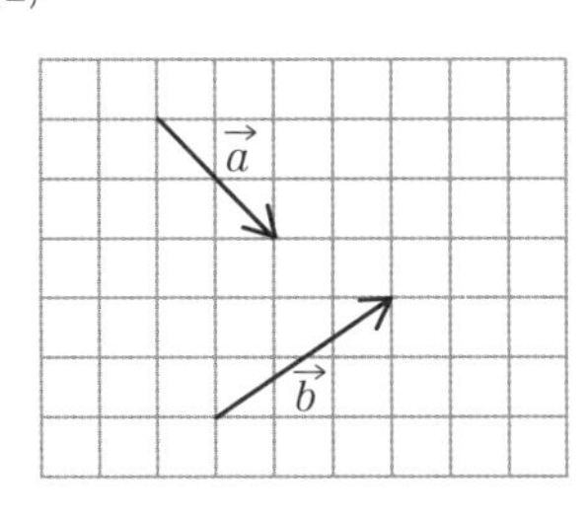

(3)

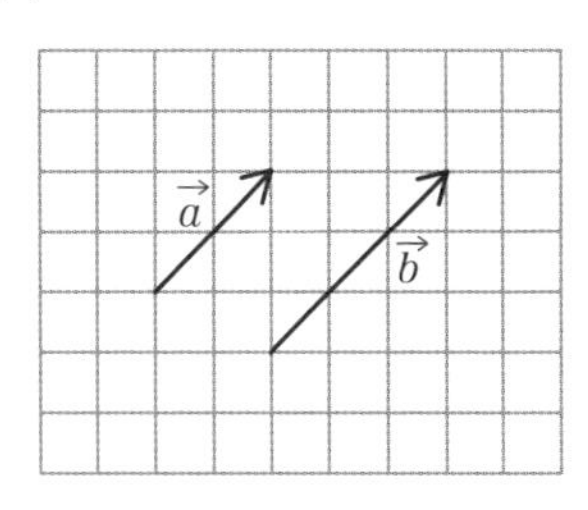

(1)

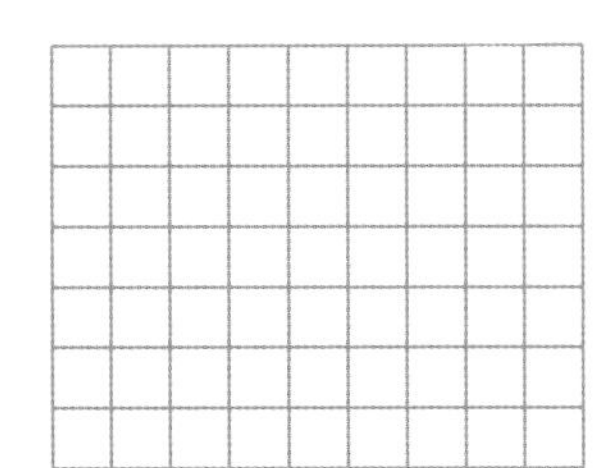

(2)

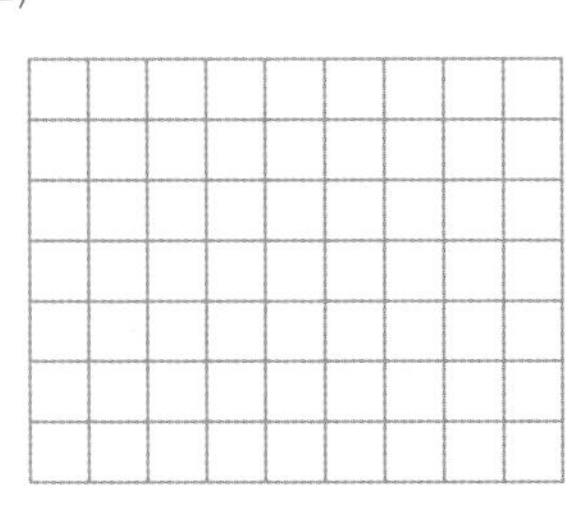

(3)

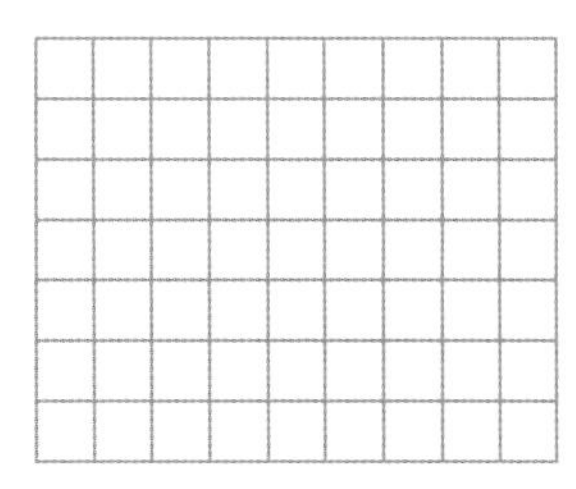

ポイント　ベクトルの減法は　$\vec{a}+(-\vec{b})=\vec{a}-\vec{b}$　と考えます。

もっとくわしく　$-\vec{a}-\vec{b}+\vec{c}$ を図示しよう

$\vec{a}$，$\vec{b}$，$\vec{c}$ が右の図のように与えられるとき，$-\vec{a}-\vec{b}+\vec{c}$ を図示しましょう。ベクトルにマイナスがつくと，大きさは同じで向きが反対になります。

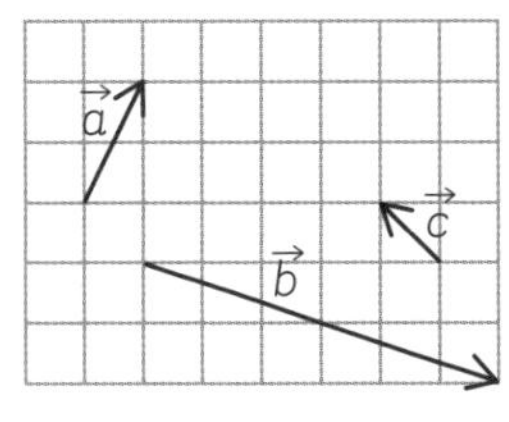

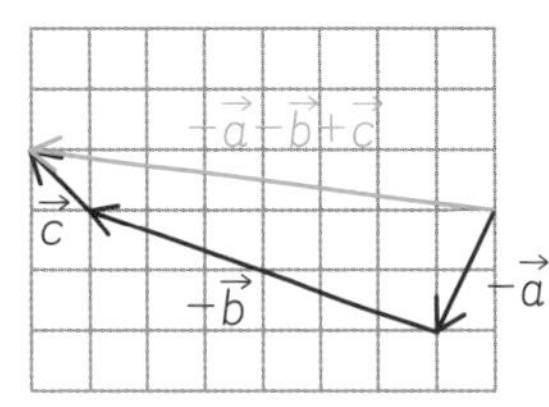

04 ベクトルの計算

ベクトルの計算

$\vec{a}+\vec{a}$ は，$\vec{a}$ と同じ向きで，大きさが 2 倍のベクトル，$2\vec{a}$ になります。

一般に，$\vec{0}$ でないベクトル $\vec{a}$ と実数 k に対して，$\vec{a}$ の k 倍のベクトル $k\vec{a}$ を次のように定めます。

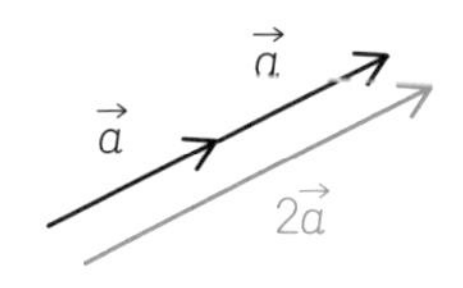

【ベクトルの実数倍】

$k>0$ のとき　$k\vec{a}$ は $\vec{a}$ と同じ向きで，大きさが k 倍のベクトル
　とくに　$1\vec{a}=\vec{a}$

$k<0$ のとき　$k\vec{a}$ は $\vec{a}$ と反対の向きで，大きさが $|k|$ 倍のベクトル
　とくに　$(-1)\vec{a}=-\vec{a}$

$k=0$ のとき　$k\vec{a}=\vec{0}$

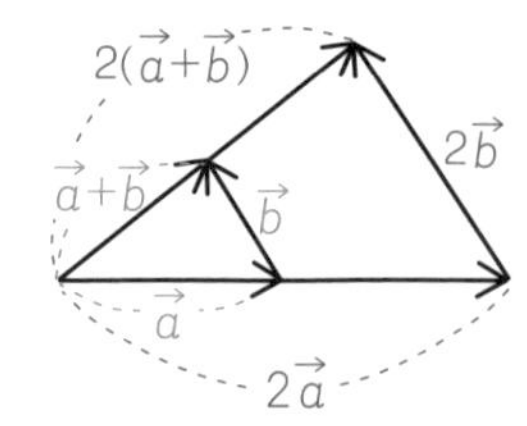

ベクトルの実数倍について，k，ℓ を実数とするとき，次の性質が成り立ちます。

【ベクトルの実数倍の性質】

[1]　$k(\ell\vec{a})=(k\ell)\vec{a}$

[2]　$(k+\ell)\vec{a}=k\vec{a}+\ell\vec{a}$

[3]　$k(\vec{a}+\vec{b})=k\vec{a}+k\vec{b}$

例

[1]　$2(3\vec{a})=6\vec{a}$

[2]　$5\vec{a}=2\vec{a}+3\vec{a}$

[3]　$2(\vec{a}+\vec{b})=2\vec{a}+2\vec{b}$

問題 1　次の計算をしましょう。

$2(\vec{a}+\vec{b})+\vec{a}-3\vec{b}$

$2(\vec{a}+\vec{b})+\vec{a}-3\vec{b}$

$=$ ア $\square\,\vec{a}+$ イ $\square\,\vec{b}+\vec{a}-3\vec{b}$　← 文字式と同じようにカッコをはずす

$=($ ウ $\square+1)\vec{a}+($ エ $\square-3)\vec{b}$　← ベクトルの実数倍の性質を用いる

$=$ オ $\square\,\vec{a}-\vec{b}$

基本練習

答えは別冊 2 ページ

次の計算をせよ。

(1) $4\vec{a}-\vec{b}-5\vec{a}-6\vec{b}$

(2) $3(\vec{a}+\vec{b})-2(\vec{a}+2\vec{b})$

もっとくわしく 単位ベクトルを表してみよう

単位ベクトルとは，大きさが 1 のベクトルでしたね。

$|\vec{a}|=2$ のとき，$\vec{a}$ と平行な単位ベクトルはどのように表すことができるでしょう。$|\vec{a}|=2$ なので，$\frac{|\vec{a}|}{2}=1$，つまり $\frac{1}{2}\vec{a}$ と表すことができます。

↑ $\vec{a}$ の長さの半分＝1

また，$\vec{a}$ と平行で向きが反対の単位ベクトルは $-\frac{1}{2}\vec{a}$ となります。

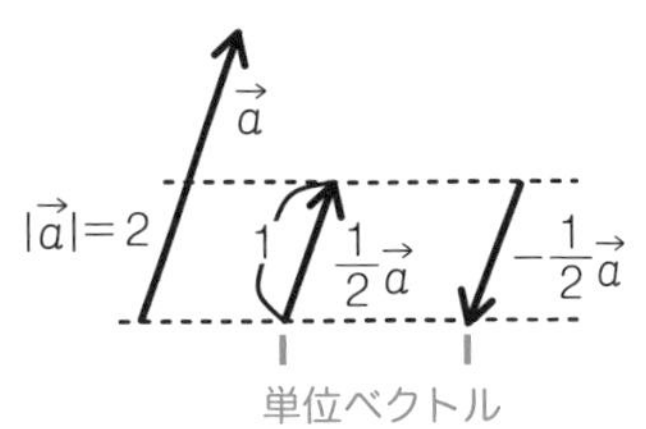

05 ベクトルの平行

ベクトルの平行

$\vec{0}$ でない2つのベクトル $\vec{a}$ と $\vec{b}$ が同じ向きか，または反対向きであるとき，$\vec{a}$ と $\vec{b}$ は**平行**であるといい，$\vec{a} /\!/ \vec{b}$ と表します。

2つのベクトルが平行である場合，重ね合わせることができます。

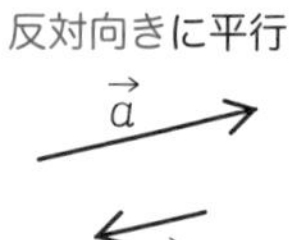

反対向きに平行

$\vec{a}$
$\vec{b}$

【ベクトルの平行】
$\vec{a} \neq \vec{0}$，$\vec{b} \neq \vec{0}$ のとき　$\vec{a} /\!/ \vec{b} \iff \vec{b} = k\vec{a}$ となる実数 k がある

問題❶　**$\vec{a}$，$\vec{b}$，$\vec{c}$ が右の図のように与えられるとき，$\vec{b}$ と $\vec{c}$ を $\vec{a}$ を用いて表しましょう。**

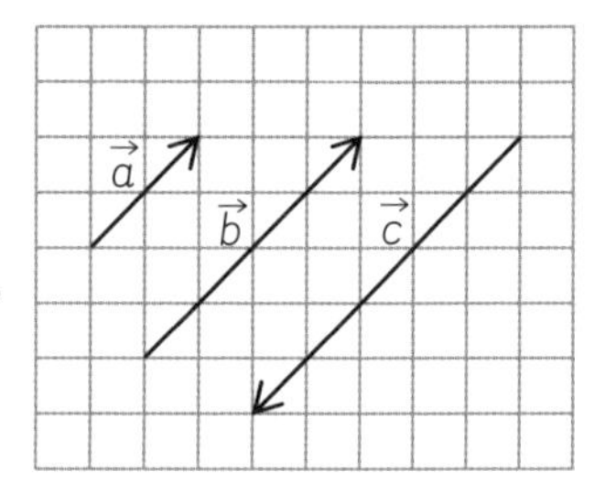

$\vec{b}$ は $\vec{a}$ と同じ向きに平行で，大きさが $\vec{a}$ の ㋐[　] 倍であるから，

$\vec{b} =$ ㋑[　] $\vec{a}$ と表すことができます。また，$\vec{c}$ は $\vec{a}$ と反対向きに平行で，

大きさが $\vec{a}$ の ㋒[　] 倍だから，$\vec{c} = -$ ㋓[　] $\vec{a}$ と表すことができる。

問題❷　**$\overrightarrow{OP} = 2\overrightarrow{OA}$，$\overrightarrow{OQ} = 2\overrightarrow{OB}$ であるとき，AB // PQ となることを，ベクトルを用いて確かめましょう。ただし，O，A，B は異なる3点とします。**

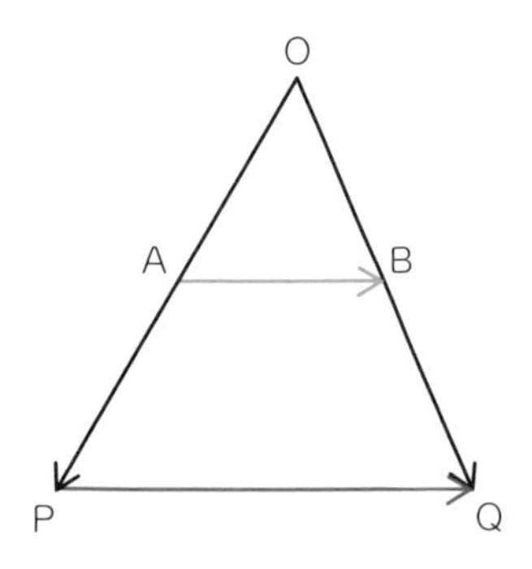

AB // PQ をベクトルを用いて表すと　$\overrightarrow{PQ} /\!/ \overrightarrow{AB}$

つまり　$\overrightarrow{PQ} = k\overrightarrow{AB}$

となる実数 k があるはずです。

$\overrightarrow{PQ}$ を $\overrightarrow{OA}$，$\overrightarrow{OB}$ で表すと

$\overrightarrow{PQ} = \overrightarrow{OQ} - \overrightarrow{OP}$

$= 2\overrightarrow{OB} - 2$ ㋔[　]　←$\overrightarrow{OP} = 2\overrightarrow{OA}$，$\overrightarrow{OQ} = 2\overrightarrow{OB}$

$= 2(\overrightarrow{OB} - \overrightarrow{OA})$

$= 2$ ㋕[　]　←1つのベクトルで表す

$\overrightarrow{PQ} = 2$ ㋕[　] と表すことができるから，AB // PQ である。

基本練習

答えは別冊 3 ページ

$\overrightarrow{OP}=\frac{1}{2}\overrightarrow{OA}$，$\overrightarrow{OQ}=\frac{1}{2}\overrightarrow{OB}$ であるとき，AB//PQ となることを，ベクトルを用いて確かめよ。ただし，O，A，B はいずれも異なる点とする。

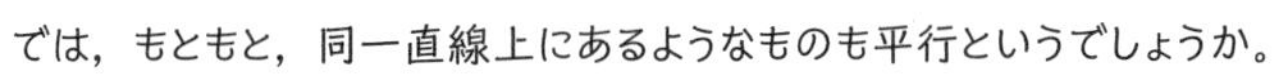

ベクトルの平行は特別？

ベクトルでは，その向きと大きさを考えました。$\vec{a}=\vec{b}$ は，2 つのベクトル $\vec{a}$ と $\vec{b}$ の向きも大きさも一致することを意味します。

ベクトルの平行では，その有向線分を平行移動することで同一直線上におくことができるものと考えます。

では，もともと，同一直線上にあるようなものも平行というでしょうか。

もちろん，これも平行になります。ベクトルの平行では，とにかく向きが一緒または反対（同一直線上に平行移動できる）であればよいのです。

これまでに学習してきた平行であることの定義「1 つの平面上で交わらない 2 直線を平行という」とは違うことに注意が必要です。

06 $\vec{p}$ を $\vec{a}$, $\vec{b}$ を用いて表す

ベクトルの分解①

右の図の正六角形 ABCDEF について，A から D への行き方は

A ⟶ D，A ⟶ B ⟶ C ⟶ D，A ⟶ E ⟶ D

のようにいろいろ考えることができます。これと対応するように，ベクトルでも，

$\overrightarrow{AD}=\overrightarrow{AB}+\overrightarrow{BC}+\overrightarrow{CD}$，$\overrightarrow{AD}=\overrightarrow{AE}+\overrightarrow{ED}$

のように表すことができます。

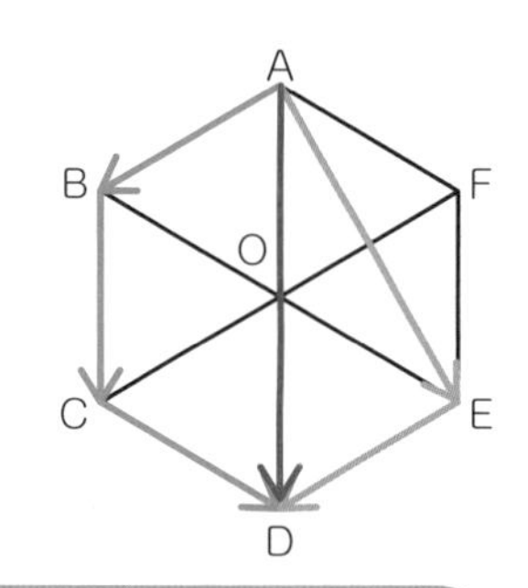

さらに，平行なベクトルの性質を利用することで，1つのベクトルを 2 つの異なるベクトルの和や差の形に書き換えることができます。

【ベクトルの書き換え】
$\overrightarrow{AB}=\overrightarrow{A□}+\overrightarrow{□B}$
（□はどんな点でもよい）

問題 1　正六角形 ABCDEF において，$\overrightarrow{AB}=\vec{a}$，$\overrightarrow{AF}=\vec{b}$ とするとき，次のベクトルを $\vec{a}$，$\vec{b}$ を用いて表しましょう。

(1) $\overrightarrow{BA}$　(2) $\overrightarrow{AE}$　(3) $\overrightarrow{DF}$

この問題では，A を始点とするベクトル $\overrightarrow{AB}$，$\overrightarrow{AF}$ が基本のベクトルなので，正六角形の中に現れる AB，AF に平行な線分の関係に着目します。

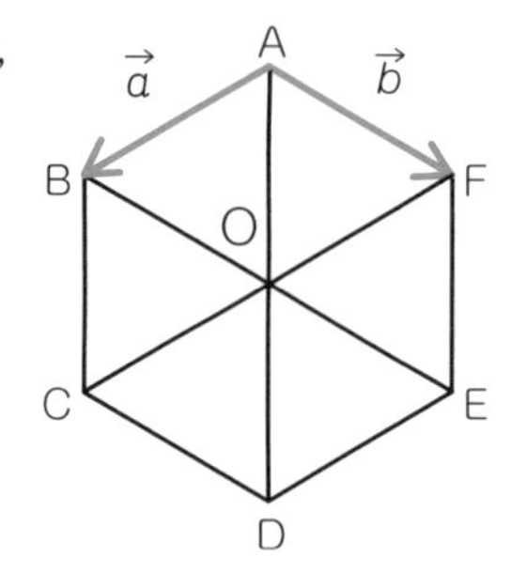

(1) $\overrightarrow{BA}=-\overrightarrow{AB}=-\vec{a}$

(2) AB や AF に平行な線分を使って A から E へ行く道筋を考えると

$\overrightarrow{AE}=\overrightarrow{AB}+\overrightarrow{BE}=\overrightarrow{AB}+2\overrightarrow{AF}$ ← $\overrightarrow{BE}=2\overrightarrow{BO}=2\overrightarrow{AF}$

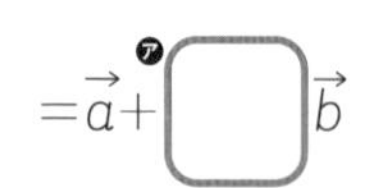

$=\vec{a}+$ ㋐ $\vec{b}$

(3) $\overrightarrow{DF}=\overrightarrow{DC}+\overrightarrow{CF}$ ← $\overrightarrow{DC}=-\overrightarrow{AF}$，$\overrightarrow{CF}=-2\overrightarrow{AB}$

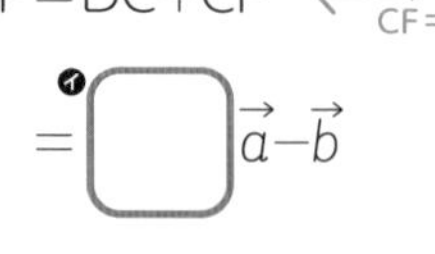

$=$ ㋑ $\vec{a}-\vec{b}$

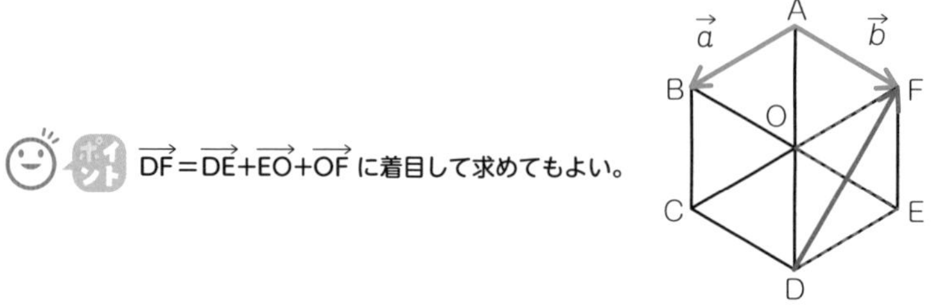

ポイント　$\overrightarrow{DF}=\overrightarrow{DE}+\overrightarrow{EO}+\overrightarrow{OF}$ に着目して求めてもよい。

基本練習

答えは別冊３ページ

4章

右の図の正六角形 ABCDEF について，対角線の交点を O とする。$\overrightarrow{OC}=\vec{c}$，$\overrightarrow{OD}=\vec{d}$ とするとき，次のベクトルを $\vec{c}$，$\vec{d}$ を用いて表せ。

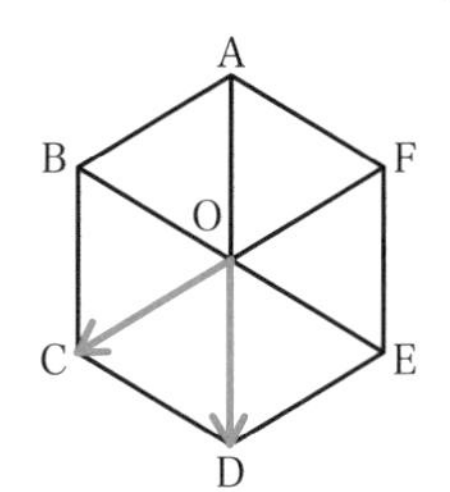

(1) $\overrightarrow{AB}$

(2) $\overrightarrow{AE}$

(3) $\overrightarrow{CE}$

もっとくわしく　力の分解

物理学では，力をベクトルとして扱います。

たとえば，斜面上の物体にはたらく重力 mg を斜面に平行な方向と斜面に垂直な方向に分解することがありますが，これもベクトルの分解です。斜面と水平面のなす角度θが与えられていれば，それらの大きさは次のように求められます。

・斜面に垂直方向の力　$mg\cos\theta$

・斜面に平行方向の力　$mg\sin\theta$

（g：重力加速度の大きさ）

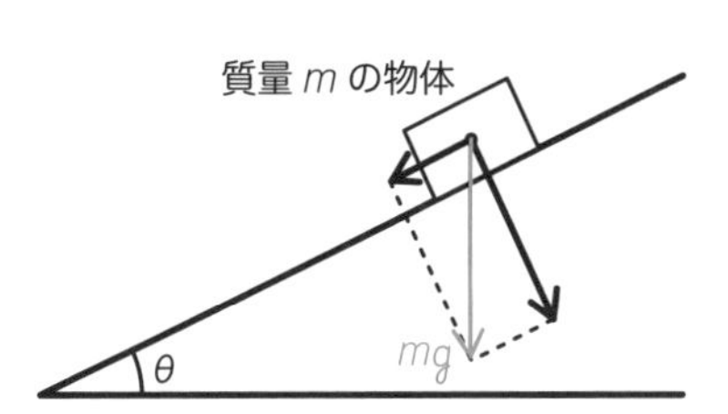

07 ベクトルの分解

ベクトルの分解②

一般に，$\vec{0}$ でない 2 つのベクトル $\vec{a}$，$\vec{b}$ が平行でないとき，どんなベクトル $\vec{p}$ も，$\vec{a}$ と $\vec{b}$ と実数 s，t を用いて

$$\vec{p}=s\vec{a}+t\vec{b}$$

の形に表すことができて，この表し方は，ただ 1 通りに定まります。

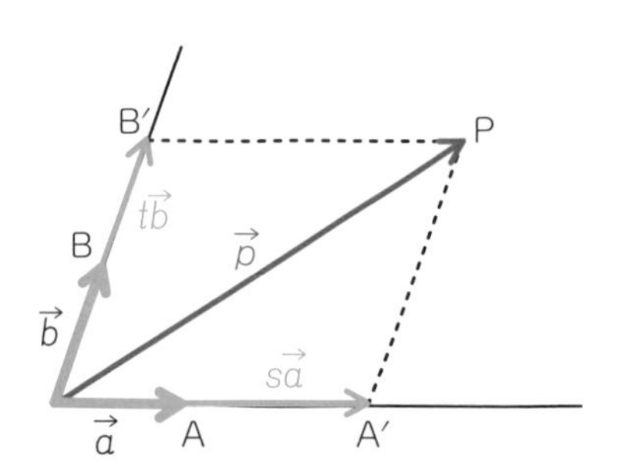

問題 1 **右の図において，**

$\vec{p}$，$\vec{q}$，$\vec{r}$，$\vec{s}$，$\vec{t}$

の各ベクトルを，$\vec{a}$，$\vec{b}$ を用いて表しましょう。

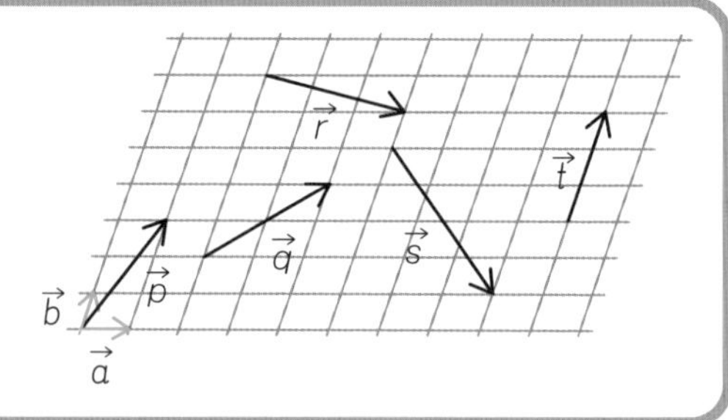

それぞれのベクトルについて，そのベクトルを囲む平行四辺形を作って考えます。

$\vec{p}$ について，$\vec{a}$ 方向に 1 目盛り分，$\vec{b}$ 方向に 3 目盛り分あることから

$$\vec{p}=\vec{a}+\boxed{\text{ア}}\ \vec{b}$$

と表すことができます。

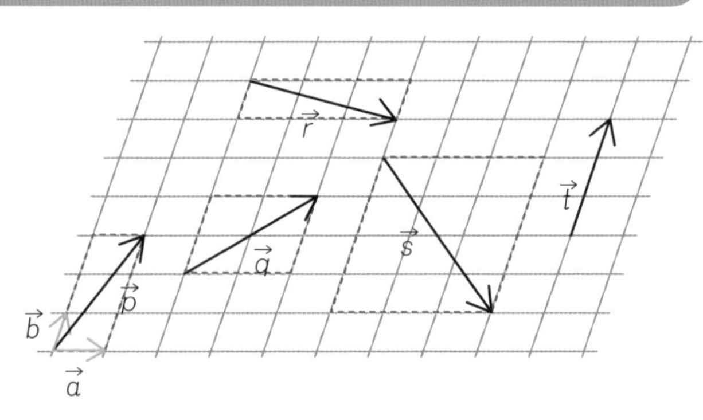

以下，同様に考えて

$\vec{q}=\boxed{\text{イ}}\ \vec{a}+\boxed{\text{ウ}}\ \vec{b}$　　$\vec{r}=\boxed{\text{エ}}\ \vec{a}-\vec{b}$

$\vec{s}=\boxed{\text{オ}}\ \vec{a}-\boxed{\text{カ}}\ \vec{b}$　　$\vec{t}=\boxed{\text{キ}}\ \vec{b}$

このように，ある 2 つの平行でも $\vec{0}$ でもないベクトルを用いて，他のベクトルを表すことを，**ベクトルの分解**といいます。

基本練習

答えは別冊 3 ページ

$\vec{0}$ でない 2 つのベクトル $\vec{a}$ と $\vec{b}$ が平行でないとき，$\vec{p}=3\vec{a}+2\vec{b}$，$\vec{q}=s\vec{a}+t\vec{b}$ について，次の問いに答えよ。

(1) $\vec{p}=\vec{q}$ のとき，s，t の値をそれぞれ求めよ。

(2) $\vec{p}+\vec{q}=\vec{0}$ のとき，s，t の値をそれぞれ求めよ。

理由がわかる ベクトルの分解と 1 次独立

同じ平面上にある $\vec{0}$ でない 2 つのベクトル $\vec{a}$，$\vec{b}$ が平行でないとき，この平面上のすべてのベクトルは，必ず，この 2 つのベクトル $\vec{a}$, $\vec{b}$ を用いて表すことができます。このような 2 つのベクトル $\vec{a}$ と $\vec{b}$ を 1 次独立といいます。

ある平面上のすべてのベクトル $\vec{p}$ は 1 次独立な 2 つのベクトル $\vec{a}$ と $\vec{b}$ を用いて，ただ 1 通りに表せるから，そのベクトルが，$s\vec{a}+t\vec{b}$，$s'\vec{a}+t'\vec{b}$ と 2 通りに表せるとすると，

$$s\vec{a}+t\vec{b}=s'\vec{a}+t'\vec{b} \iff s=s' \text{ かつ } t=t'$$

が必ず成り立ちます。

とくに，$s\vec{a}+t\vec{b}=\vec{0} \iff s=t=0$

08 ベクトルを成分で表そう

ベクトルの成分①

x 軸，y 軸上の正の向きの単位ベクトルを，**基本ベクトル**といい，それぞれ $\vec{e_1}$，$\vec{e_2}$ で表します。（単位ベクトル → 大きさ 1 のベクトル）

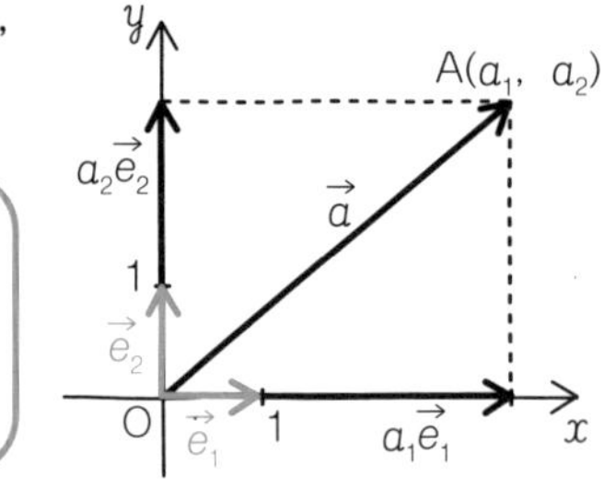

【基本ベクトル】
$\vec{e_1}=(1,\ 0)$
$\vec{e_2}=(0,\ 1)$

座標平面上のベクトル $\vec{a}$ に対して，$\vec{a}=\overrightarrow{OA}$ となる点 A の座標を $(a_1,\ a_2)$ とすると，$\vec{a}$ は次のように表されます。

$$\vec{a}=a_1\vec{e_1}+a_2\vec{e_2}$$

このとき，$\vec{a}$ を　$\vec{a}=(a_1,\ a_2)$　……(＊)

とも書き，a_1，a_2 をそれぞれ $\vec{a}$ の **x 成分**，**y 成分**といい，まとめて $\vec{a}$ の**成分**といいます。また，(＊)を，$\vec{a}$ の**成分表示**といいます。

さらに，2 つのベクトル $\vec{a}=(a_1,\ a_2)$，$\vec{b}=(b_1,\ b_2)$ が等しい場合，x 成分，y 成分について

$$\vec{a}=\vec{b} \iff a_1=b_1,\ a_2=b_2$$

が成り立ちます。

ベクトル $\vec{a}=(a_1,\ a_2)$ の大きさは，線分 OA の長さであるから，三平方の定理より

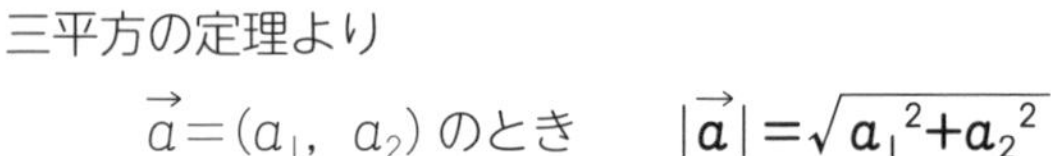

$\vec{a}=(a_1,\ a_2)$ のとき　$|\vec{a}|=\sqrt{a_1^2+a_2^2}$

また，ベクトルの和，差，実数倍を成分表示すると，右のことが成り立ちます。

零ベクトルは $\vec{0}=(0,\ 0)$ で表されます。

【和，差，実数倍の成分】

[1]　$(a_1,\ a_2)+(b_1,\ b_2)=(a_1+b_1,\ a_2+b_2)$

[2]　$(a_1,\ a_2)-(b_1,\ b_2)=(a_1-b_1,\ a_2-b_2)$

[3]　$k(a_1,\ a_2)=(ka_1,\ ka_2)$　　ただし，k は実数

問題 1　右下の図の $\vec{a}$ を成分表示し，その大きさ $|\vec{a}|$ を求めましょう。

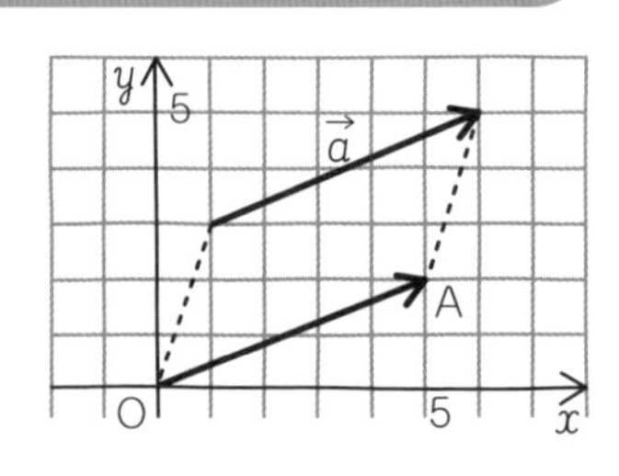

$\vec{a}$ の始点が原点 O となるように平行移動すると，

終点は A(5, ㋐[　]) になるから，

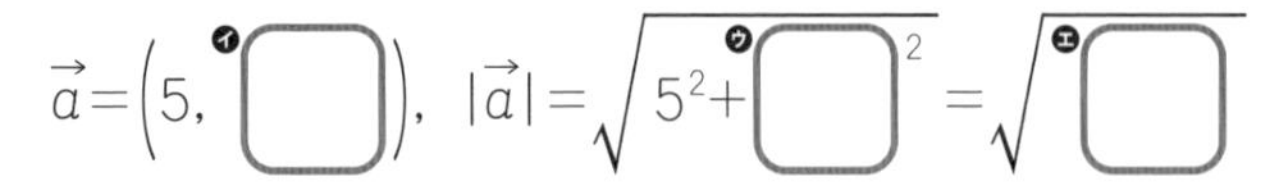

$\vec{a}=(5,$ ㋑[　]$)$，$|\vec{a}|=\sqrt{5^2+㋒[\ \ ]^2}=\sqrt{㋓[\ \ ]}$

問題 2　$\vec{a}=(1,\ 3)$，$\vec{b}=(2,\ -1)$ のとき，$2\vec{a}+3\vec{b}$ を成分表示しましょう。

$2\vec{a}+3\vec{b}=2(1,\ 3)+3(2,\ -1)=(2,$ ㋔[　]$)+($㋕[　]$,\ -3)=($㋖[　]$,$ ㋗[　]$)$

基本練習

答えは別冊 3 ページ

次の問いに答えよ。

(1) $\vec{a}=(4,\ -3)$，$\vec{b}=(-1,\ 2)$のとき，$2\vec{a}-\vec{b}$ を成分表示せよ。

(2) $\vec{a}=(-2,\ -1)$，$\vec{b}=(6,\ x)$が平行になるように，x の値を定めよ。

もっとくわしく 成分表示は便利

07 までは，ベクトルを $\vec{a}$ や $\vec{b}$ で表してきましたが，ここからは成分表示により，数値で表します。

成分表示によって，様々な計算がラクになります。

たとえば，ベクトルの和では，これまでは作図によって求めてきたものが，成分表示では，各成分の和として求めることができます。

09 ベクトルの成分②
ベクトルの分解と成分

07 で学んだベクトルの分解を，成分で考えてみましょう。

問題 1　$\vec{a}=(2,\ -1)$，$\vec{b}=(1,\ 3)$ のとき，$\vec{c}=(5,\ 1)$ を $\vec{c}=m\vec{a}+n\vec{b}$ の形で表しましょう。

$m\vec{a}+n\vec{b}$ に $\vec{a}=(2,\ -1)$，$\vec{b}=(1,\ 3)$ を代入すると

$$m\vec{a}+n\vec{b}=m(2,\ -1)+n(1,\ 3)$$

← x 成分，y 成分をそれぞれ計算する

$$=(\boxed{\text{ア}}\,m,\ -m)+(n,\ \boxed{\text{イ}}\,n)$$

$$=(\boxed{\text{ウ}}\,m+n,\ -m+\boxed{\text{エ}}\,n)$$

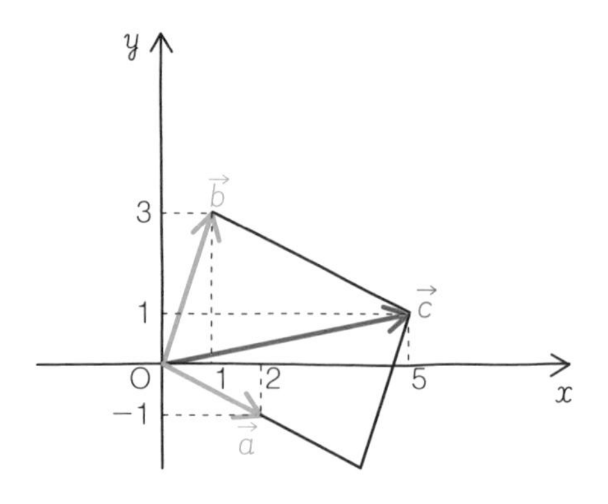

これが　$\vec{c}=(5,\ 1)$ に等しいから

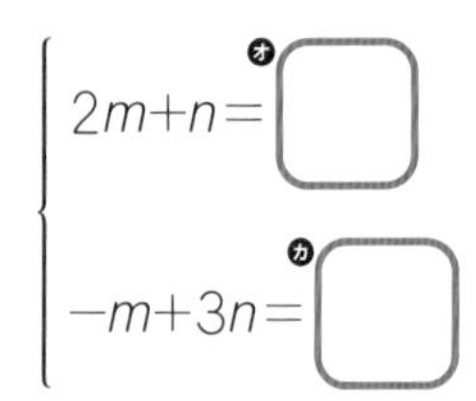

$$\begin{cases} 2m+n=\boxed{\text{オ}} \\ -m+3n=\boxed{\text{カ}} \end{cases}$$

これを解いて　$m=\boxed{\text{キ}}$，$n=1$

よって　$\vec{c}=\boxed{\text{ク}}\,\vec{a}+\vec{b}$

一般に，2 点 $\mathrm{A}(a_1,\ a_2)$，$\mathrm{B}(b_1,\ b_2)$ について，

$$\overrightarrow{\mathrm{OA}}=(a_1,\ a_2),\ \overrightarrow{\mathrm{OB}}=(b_1,\ b_2)$$

であるから

$$\overrightarrow{\mathrm{AB}}=\overrightarrow{\mathrm{OB}}-\overrightarrow{\mathrm{OA}}$$

$$=(b_1,\ b_2)-(a_1,\ a_2)$$

$$=(b_1-a_1,\ b_2-a_2)$$

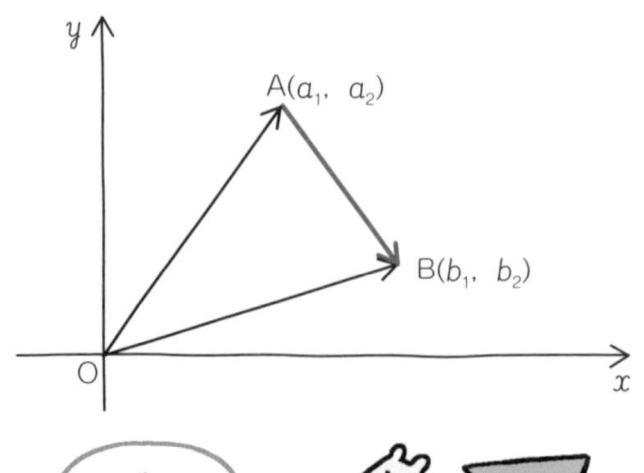

【$\overrightarrow{\mathrm{AB}}$ の成分と大きさ】

$\mathrm{A}(a_1,\ a_2)$，$\mathrm{B}(b_1,\ b_2)$ のとき

$\overrightarrow{\mathrm{AB}}=(b_1-a_1,\ b_2-a_2)$

$|\overrightarrow{\mathrm{AB}}|=\sqrt{(b_1-a_1)^2+(b_2-a_2)^2}$

基本練習

答えは別冊 4 ページ

$\vec{a}=(3,\ -1)$，$\vec{b}=(-1,\ 2)$ のとき，$\vec{c}=(3,\ 4)$ を $\vec{c}=m\vec{a}+n\vec{b}$ の形で表せ。

もっとくわしく 平行四辺形であるための条件

四角形が平行四辺形であるための条件の１つ，「１組の向かい合う辺が等しくて平行である」をベクトルで表現すると，四角形 ABCD が平行四辺形になるには，$\overrightarrow{AD}=\overrightarrow{BC}$ を満たせばよいです。

$\overrightarrow{AD}=\overrightarrow{BC}$ とはつまり，「AD＝BC　かつ　AD∥BC」という意味だからです。

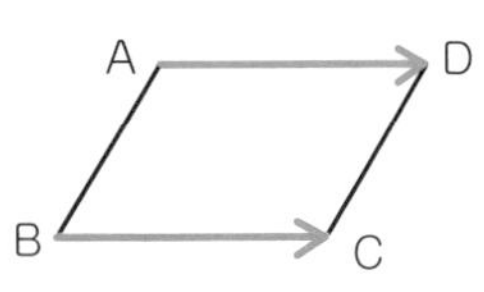

10 ベクトルの内積

ベクトルの内積①

$\vec{0}$ でない2つのベクトル $\vec{a}$, $\vec{b}$ に対して，点Oを始点として，$\vec{a}=\overrightarrow{OA}$, $\vec{b}=\overrightarrow{OB}$ となるように点A，Bをとります。このとき，$\angle AOB=\theta$ を $\vec{a}$ と $\vec{b}$ の**なす角**といいます（ただし，$0^\circ \leqq \theta \leqq 180^\circ$）。

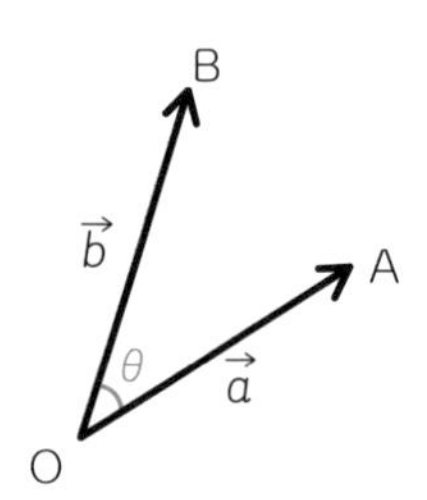

また，$\vec{a}$, $\vec{b}$ のなす角が θ のとき，

$$|\vec{a}||\vec{b}|\cos\theta$$

を $\vec{a}$ と $\vec{b}$ の**内積**といい，$\vec{a}\cdot\vec{b}$ で表します。

【ベクトルの内積の定義】
$\vec{0}$ でない2つのベクトル $\vec{a}$ と $\vec{b}$ のなす角を θ とすると

$$\vec{a}\cdot\vec{b}=|\vec{a}||\vec{b}|\cos\theta$$

$\vec{a}=\vec{0}$ または $\vec{b}=\vec{0}$ のときは，$\vec{a}$ と $\vec{b}$ の内積を $\vec{a}\cdot\vec{b}=0$ と定めます。

ベクトルの内積 $\vec{a}\cdot\vec{b}$ は，ベクトルではなく実数になります。

また，$\vec{a}\cdot\vec{a}=|\vec{a}||\vec{a}|\cos 0^\circ=|\vec{a}|^2$　であるから　$\vec{a}\cdot\vec{a}=|\vec{a}|^2$

問題1　$\vec{a}$ と $\vec{b}$ のなす角を θ とするとき，次の内積 $\vec{a}\cdot\vec{b}$ を求めましょう。

(1)　$|\vec{a}|=2$，$|\vec{b}|=3$，$\theta=60^\circ$　　(2)　$|\vec{a}|=4$，$|\vec{b}|=3$，$\theta=150^\circ$

(1)　$|\vec{a}|=2$，$|\vec{b}|=3$，$\vec{a}$ と $\vec{b}$ のなす角が 60° のとき

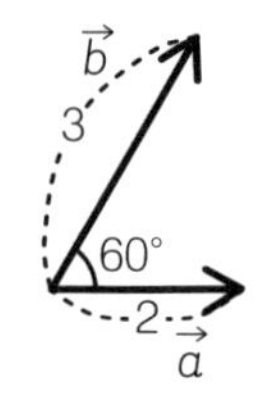

$\vec{a}\cdot\vec{b}=|\vec{a}||\vec{b}|\cos 60^\circ$

$=2\times$ ア□ $\times\dfrac{1}{\text{イ□}}$

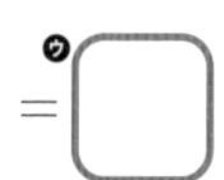

$=$ ウ□

(2)　$|\vec{a}|=4$，$|\vec{b}|=3$，$\vec{a}$ と $\vec{b}$ のなす角が 150° のとき

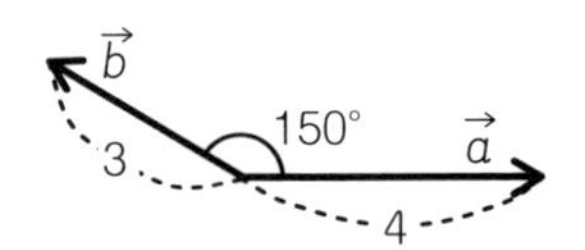

$\vec{a}\cdot\vec{b}=|\vec{a}||\vec{b}|\cos 150^\circ$

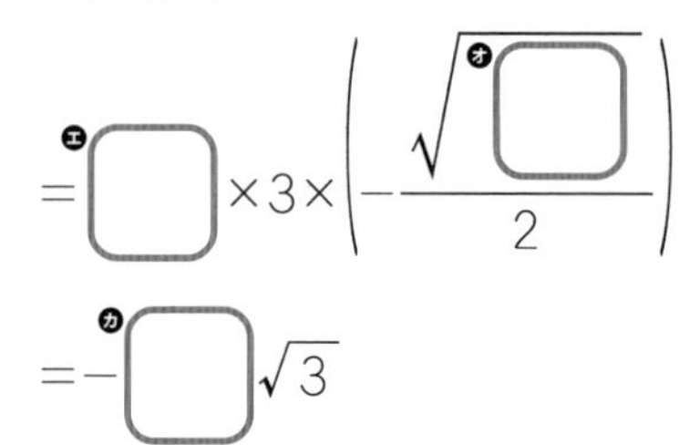

$=$ エ□ $\times 3\times\left(-\dfrac{\sqrt{\text{オ□}}}{2}\right)$

$=-$ カ□ $\sqrt{3}$

基本練習

答えは別冊 4 ページ

右の図の三角形において，次の内積をそれぞれ求めよ。

(1) $\overrightarrow{AB}\cdot\overrightarrow{AC}$

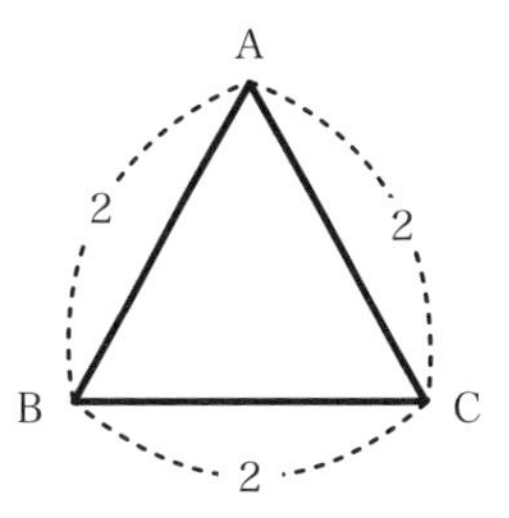

(2) $\overrightarrow{EF}\cdot\overrightarrow{FG}$

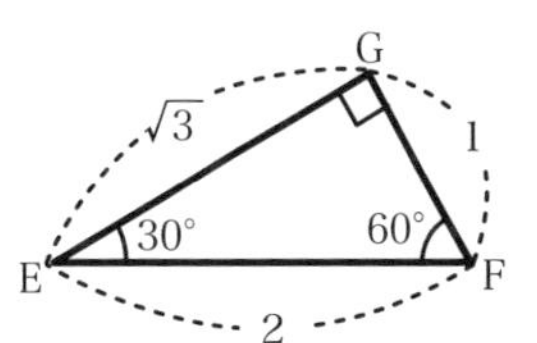

よくある×まちがい　ベクトルのなす角はどっちだ！

$\overrightarrow{OA}=\vec{a}$，$\overrightarrow{OB}=\vec{b}$ として，2 つのベクトル $\overrightarrow{OA}$ と $\overrightarrow{OB}$ のなす角の大きさは，∠AOB の大きさと定められています。三角関数の場合では，時計回りか反時計回りかで角の大きさが変わってしまいますが，ベクトルのなす角では $0°\leqq\theta\leqq180°$ の範囲で考えるので，その心配はいりません。

ただし，始点をそろえた位置で角度を考えることに気をつけましょう。
右の例では，左側は始点がそろっていないので間違いです。

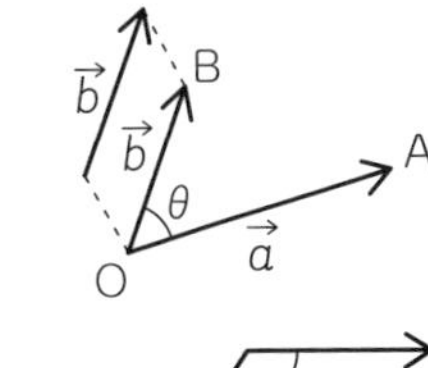

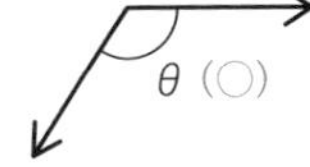

θ（×）
間違い
正しい角度

11 ベクトルの内積②
成分による内積の表示

ベクトルの内積を，成分を用いて表すと，右のことが成り立ちます。

【内積と成分】
$\vec{a}=(a_1,\ a_2)$，$\vec{b}=(b_1,\ b_2)$ のとき　$\vec{a}\cdot\vec{b}=a_1b_1+a_2b_2$
（a_1b_1：x 成分の積，a_2b_2：y 成分の積）

問題❶　次の2つのベクトル $\vec{a}$，$\vec{b}$ の内積を求めましょう。
(1) $\vec{a}=(2,\ 3)$，$\vec{b}=(3,\ -1)$　　(2) $\vec{a}=(-\sqrt{3},\ 1)$，$\vec{b}=(3,\ \sqrt{3})$

(1) $\vec{a}=(2,\ 3)$，$\vec{b}=(3,\ -1)$ のとき，$\vec{a}\cdot\vec{b}=2\times$ ア □ $+$ イ □ $\times(-1)=$ ウ □

(2) $\vec{a}=(-\sqrt{3},\ 1)$，$\vec{b}=(3,\ \sqrt{3})$ のとき，$\vec{a}\cdot\vec{b}=-\sqrt{\text{エ}\ \square}\times3+1\times\sqrt{\text{オ}\ \square}=-$ カ □ $\sqrt{3}$

$\vec{0}$ でない2つのベクトル $\vec{a}=(a_1,\ a_2)$，$\vec{b}=(b_1,\ b_2)$ のなす角を θ（$0\leqq\theta\leqq180°$）とすると，内積の定義である $\vec{a}\cdot\vec{b}=|\vec{a}||\vec{b}|\cos\theta$ より，右のことが成り立ちます。

【2つのベクトルのなす角】

$$\cos\theta=\frac{\vec{a}\cdot\vec{b}}{|\vec{a}||\vec{b}|}=\frac{a_1b_1+a_2b_2}{\sqrt{a_1^2+a_2^2}\sqrt{b_1^2+b_2^2}}$$

問題❷　2つのベクトル $\vec{a}=(1,\ 3)$，$\vec{b}=(2,\ 1)$ について，次の各問いに答えましょう。
(1) 内積 $\vec{a}\cdot\vec{b}$ と大きさ $|\vec{a}|$，$|\vec{b}|$ を求めましょう。
(2) $\vec{a}$ と $\vec{b}$ のなす角 θ を求めましょう。

(1) $\vec{a}=(1,\ 3)$，$\vec{b}=(2,\ 1)$ のとき，

$\vec{a}\cdot\vec{b}=1\times2+3\times1=$ キ □，$|\vec{a}|=\sqrt{1^2+3^2}=\sqrt{10}$，$|\vec{b}|=\sqrt{2^2+1^2}=\sqrt{\text{ク}\ \square}$

(2) (1)より

$$\cos\theta=\frac{\vec{a}\cdot\vec{b}}{|\vec{a}||\vec{b}|}=\frac{\text{ケ}\ \square}{\sqrt{10}\times\sqrt{\text{コ}\ \square}}=\frac{5}{\text{サ}\ \square\sqrt{2}}=\frac{1}{\sqrt{2}}$$

$0°\leqq\theta\leqq180°$ より　$\theta=$ シ □°

基本練習

答えは別冊 4 ページ

4章

次の 2 つのベクトル $\vec{a}$，$\vec{b}$ のなす角 θ を求めよ。

(1) $\vec{a}=(2,\ 1)$，$\vec{b}=(-3,\ 1)$

(2) $\vec{a}=(3,\ -1)$，$\vec{b}=(2,\ 6)$

理由がわかる なぜ $\vec{a}\cdot\vec{b}=a_1b_1+a_2b_2$？

数学Ⅰで学んだ余弦定理

$$BA^2=OA^2+OB^2-2\times OA\times OB\times\cos\theta$$

をベクトルで表すと，

$$|\vec{a}-\vec{b}|^2=|\vec{a}|^2+|\vec{b}|^2-2|\vec{a}||\vec{b}|\cos\theta$$
$$=|\vec{a}|^2+|\vec{b}|^2-2(\vec{a}\cdot\vec{b})$$

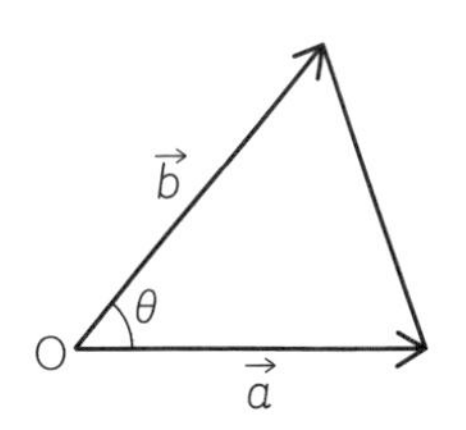

ここで，$\vec{a}=(a_1,\ a_2)$，$\vec{b}=(b_1,\ b_2)$，$\vec{a}-\vec{b}=(a_1-b_1,\ a_2-b_2)$ として，

$|\vec{a}-\vec{b}|^2=|\vec{a}|^2+|\vec{b}|^2-2(\vec{a}\cdot\vec{b})$ に代入すると

$$(a_1-b_1)^2+(a_2-b_2)^2=(a_1{}^2+a_2{}^2)+(b_1{}^2+b_2{}^2)-2(\vec{a}\cdot\vec{b})$$

これを整理すると　$\vec{a}\cdot\vec{b}=a_1b_1+a_2b_2$

12 ベクトルの内積③ 内積＝0 とベクトルの垂直

$\vec{0}$ でない 2 つのベクトル $\vec{a}$ と $\vec{b}$ のなす角が $90°$ であるとき，$\vec{a}$ と $\vec{b}$ は**垂直**であるといい，$\vec{a}\perp\vec{b}$ と表します。$\cos 90°=0$ ですから，次のことが成り立ちます。

【ベクトルの垂直と内積】
$\vec{a}\neq\vec{0}$，$\vec{b}\neq\vec{0}$ のとき　$\vec{a}\perp\vec{b} \iff \vec{a}\cdot\vec{b}=0$　← $\vec{a}\cdot\vec{b}=|\vec{a}||\vec{b}|\cos 90°=0$

さらに，ベクトルが $\vec{a}=(a_1,\ a_2)$，$\vec{b}=(b_1,\ b_2)$ のように成分表示されているときは

【ベクトルの垂直と内積の成分表示】
$\vec{a}\perp\vec{b} \iff a_1b_1+a_2b_2=0$

が成り立ちます。2 つのベクトルが垂直であるという関係は，ベクトルにおいてよく登場します。

問題 1　次の 2 つのベクトル $\vec{a}$ と $\vec{b}$ がそれぞれ垂直となるように，k の値を定めましょう。

(1) $\vec{a}=(1,\ 2)$，$\vec{b}=(k,\ k-3)$
(2) $\vec{a}=(2,\ k+1)$，$\vec{b}=(-1,\ k)$
(3) $\vec{a}=(k,\ k-1)$，$\vec{b}=(k+5,\ k)$

$\vec{a}\perp\vec{b} \iff a_1b_1+a_2b_2=0$ にもとづいて，内積の計算式から k の方程式を解いていきます。

(1) $\vec{a}$ も $\vec{b}$ も $\vec{0}$ ではないので，2 つのベクトルが垂直であるためには，内積の計算結果が 0 であればよい。

$$\vec{a}\cdot\vec{b}=1\cdot k+2(k-3)=3k-6$$

より　$3k-6=$ ㋐□　　よって，$k=2$　← このとき，$\vec{b}=(2,\ -1)$

(2) $\vec{a}\cdot\vec{b}=2\cdot(-1)+(k+1)k=k^2+k-2$

だから　$k^2+k-2=0$　　$(k+2)(k-1)=0$

よって　$k=-2$，㋑□　← $k=-2$ のとき，$\vec{a}=(2,\ -1)$，$\vec{b}=(-1,\ -2)$　$k=1$ のとき，$\vec{a}=(2,\ 2)$，$\vec{b}=(-1,\ 1)$

(3) $\vec{a}\cdot\vec{b}=k(k+5)+(k-1)k=2k^2+$ ㋒□ k

だから　$2k^2+$ ㋒□ $k=0$　　$2k(k+2)=0$

よって　$k=$ ㋓□，-2　← $k=0$ のとき，$\vec{a}=(0,\ -1)$，$\vec{b}=(5,\ 0)$　$k=-2$ のとき，$\vec{a}=(-2,\ -3)$，$\vec{b}=(3,\ -2)$

基本練習

答えは別冊 4 ページ

2 つのベクトル $\vec{a}=(1,\ 2)$, $\vec{b}=(1,\ -1)$ がある。$\vec{a}+\vec{b}$ と $\vec{a}+t\vec{b}$ の 2 つのベクトルが垂直であるとき，t の値を求めよ。

4 章

理由がわかる　$\vec{a}\neq\vec{0}$, $\vec{b}\neq\vec{0}$ のとき，$\vec{a}\perp\vec{b}\Longleftrightarrow\vec{a}\cdot\vec{b}=0$

$\vec{a}\neq 0$, $\vec{b}\neq 0$ のとき，$\vec{a}\perp\vec{b}\Longleftrightarrow\vec{a}\cdot\vec{b}=0$ という性質は（⇒）と（⇐）でそれぞれ下のように証明できます。

（⇒）　$\vec{a}\perp\vec{b}$ ならば　$\vec{a}$ と $\vec{b}$ のなす角 θ は　$\theta=90°$

よって　$\cos\theta=0$

したがって　$\vec{a}\cdot\vec{b}=|\vec{a}||\vec{b}|\cos\theta=0$

（⇐）　$\vec{a}\cdot\vec{b}=0$ ならば　$|\vec{a}||\vec{b}|\cos\theta=0$

$|\vec{a}|\neq 0$, $|\vec{b}|\neq 0$ だから　$\cos\theta=0$

$0°\leqq\theta\leqq 180°$ より　$\theta=90°$

したがって　$\vec{a}\perp\vec{b}$

13 ベクトルの内積④ 内積を計算してみよう

ベクトルの内積について，次の計算法則が成り立ちます。

【内積の計算法則】

[1] $\vec{a}\cdot\vec{b}=\vec{b}\cdot\vec{a}$

[2] $(\vec{a}+\vec{b})\cdot\vec{c}=\vec{a}\cdot\vec{c}+\vec{b}\cdot\vec{c}$

[3] $\vec{a}\cdot(\vec{b}+\vec{c})=\vec{a}\cdot\vec{b}+\vec{a}\cdot\vec{c}$

[4] $(k\vec{a})\cdot\vec{b}=\vec{a}\cdot(k\vec{b})=k(\vec{a}\cdot\vec{b})$ （k は実数）

[5] $|\vec{a}|^2=\vec{a}\cdot\vec{a}$

[6] $|\vec{a}\pm\vec{b}|^2=|\vec{a}|^2\pm2\vec{a}\cdot\vec{b}+|\vec{b}|^2$ （複号同順）

問題1 $|\vec{a}|=2$，$|\vec{b}|=3$，$\vec{a}\cdot\vec{b}=3$ のとき，$|3\vec{a}-\vec{b}|$ の値を求めましょう。

$|3\vec{a}-\vec{b}|$のままでは値を求めることができないので，2 乗して内積を用いる。

$$|3\vec{a}-\vec{b}|^2=(3\vec{a}-\vec{b})\cdot(3\vec{a}-\vec{b})$$

$$=\boxed{\text{ア}}|\vec{a}|^2-\boxed{\text{イ}}\vec{a}\cdot\vec{b}+|\vec{b}|^2$$ ← 内積の計算法則[6]

$$=9\times\boxed{\text{ウ}}^2-6\times\boxed{\text{エ}}+3^2=\boxed{\text{オ}}$$

よって　$|3\vec{a}-\vec{b}|\geqq0$　であるから　$|3\vec{a}-\vec{b}|=\boxed{\text{カ}}\sqrt{\boxed{\text{キ}}}$

問題2 $|\vec{a}|=2\sqrt{2}$，$|\vec{b}|=3$，$|\vec{a}-\vec{b}|=\sqrt{5}$ のとき，$\vec{a}\cdot\vec{b}$ の値を求めましょう。

$$|\vec{a}-\vec{b}|^2=|\vec{a}|^2-\boxed{\text{ク}}\vec{a}\cdot\vec{b}+|\vec{b}|^2$$ ← $|\vec{a}-\vec{b}|$を 2 乗することで，$\vec{a}\cdot\vec{b}$ が現れる

$$=(2\sqrt{2})^2-\boxed{\text{ク}}\vec{a}\cdot\vec{b}+\boxed{\text{ケ}}^2$$

$$=8-\boxed{\text{ク}}\vec{a}\cdot\vec{b}+\boxed{\text{コ}}$$

$$=17-2\vec{a}\cdot\vec{b}$$

$|\vec{a}-\vec{b}|^2=5$　より

$$17-2\vec{a}\cdot\vec{b}=5$$

$$2\vec{a}\cdot\vec{b}=12$$

よって　$\vec{a}\cdot\vec{b}=\boxed{\text{サ}}$

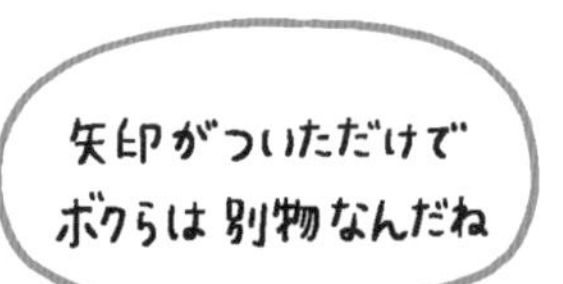

基本練習

答えは別冊 5 ページ

次の問いに答えよ。

(1)　$|\vec{a}|=4$, $|\vec{b}|=3$, $\vec{a}\cdot\vec{b}=-2$ のとき，$|\vec{a}+\vec{b}|$ の値を求めよ。

(2)　$|\vec{a}|=2$, $|\vec{b}|=4$, $|\vec{a}-\vec{b}|=6$ のとき，$\vec{a}\cdot\vec{b}$ の値を求めよ。

理由がわかる　$|\vec{a}|^2+2\vec{a}\cdot\vec{b}+|\vec{b}|^2$ はなぜ成り立つの？

「乗法公式 $(a+b)^2=a^2+2ab+b^2$ より，明らか」と考える人が多いと思います。

しかし，右辺はベクトル $\vec{a}$ と $\vec{b}$ の和の大きさ $|\vec{a}+\vec{b}|^2$ です。これがどのような計算で内積を含んだ $|\vec{a}|^2+2\vec{a}\cdot\vec{b}+|\vec{b}|^2$ という結果になるのでしょう。

ベクトルの内積の性質を使って，この計算を進めてみましょう。

$$
\begin{aligned}
|\vec{a}+\vec{b}|^2 &= (\vec{a}+\vec{b})\cdot(\vec{a}+\vec{b}) \quad \leftarrow |\vec{a}|^2=\vec{a}\cdot\vec{a} \\
&= \vec{a}\cdot(\vec{a}+\vec{b})+\vec{b}\cdot(\vec{a}+\vec{b}) \\
&= \vec{a}\cdot\vec{a}+\vec{a}\cdot\vec{b}+\vec{b}\cdot\vec{a}+\vec{b}\cdot\vec{b} \\
&= \vec{a}\cdot\vec{a}+\vec{a}\cdot\vec{b}+\vec{a}\cdot\vec{b}+\vec{b}\cdot\vec{b} \quad \leftarrow \vec{a}\cdot\vec{b}=\vec{b}\cdot\vec{a} \\
&= |\vec{a}|^2+2\vec{a}\cdot\vec{b}+|\vec{b}|^2
\end{aligned}
$$

14 位置ベクトル，内分点と外分点

位置ベクトル

平面上で，点 O を定めておくと，どんな点 A の位置も，ベクトル $\vec{a}=\overrightarrow{OA}$ によって決まります。このようなベクトル $\vec{a}$ を，点 O に関する点 A の**位置ベクトル**といいます。また，位置ベクトルが $\vec{a}$ である点 A を，$A(\vec{a})$ で表します。

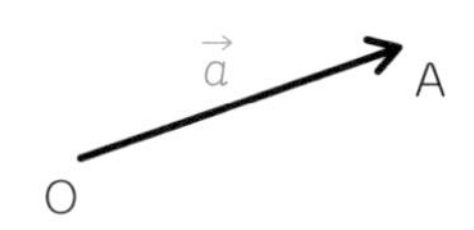

※ 2 点の位置ベクトルが同じならば，その 2 点は一致します。

2 点 $A(\vec{a})$，$B(\vec{b})$ を結ぶ線分 AB を $m:n$ に内分する点 P の位置ベクトル $\vec{p}$ について，次のことが成り立ちます。

【内分点・外分点の位置ベクトル】

2 点 $A(\vec{a})$，$B(\vec{b})$ を結ぶ線分 AB について

[1]　$m:n$ に内分する点 P の位置ベクトル $\vec{p}$　　$\vec{p}=\dfrac{n\vec{a}+m\vec{b}}{m+n}$

[2]　$m:n$ $(m\neq n)$ に外分する点 Q の位置ベクトル $\vec{q}$　　$\vec{q}=\dfrac{-n\vec{a}+m\vec{b}}{m-n}$

[3]　とくに，中点 M の位置ベクトル $\vec{m}$　　$\vec{m}=\dfrac{\vec{a}+\vec{b}}{2}$

[2] $m>n$

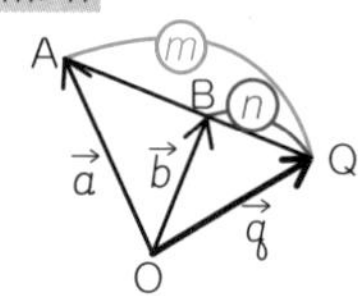

[2] $m<n$

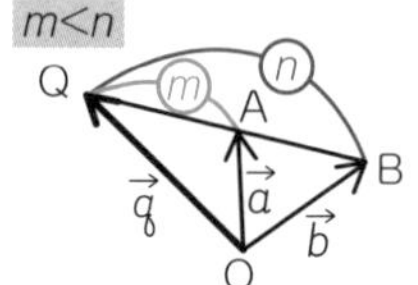

問題 1　**2 点 A，B の位置ベクトルをそれぞれ $\vec{a}$，$\vec{b}$ とするとき，次の点の位置ベクトルを $\vec{a}$，$\vec{b}$ を用いて表しましょう。**

(1)　**線分 AB を 2：1 に内分する点 P の位置ベクトル $\vec{p}$**

(2)　**線分 AB を 3：1 に外分する点 Q の位置ベクトル $\vec{q}$**

(1)　点 P は線分 AB を 2：1 に内分する点であるから

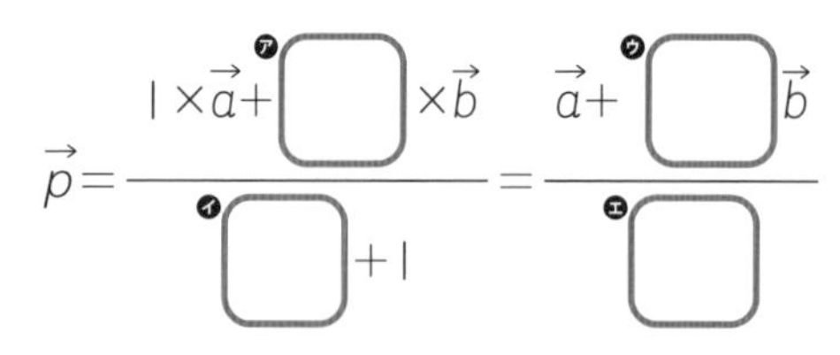

$$\vec{p}=\frac{1\times\vec{a}+\boxed{ア}\times\vec{b}}{\boxed{イ}+1}=\frac{\vec{a}+\boxed{ウ}\vec{b}}{\boxed{エ}}$$

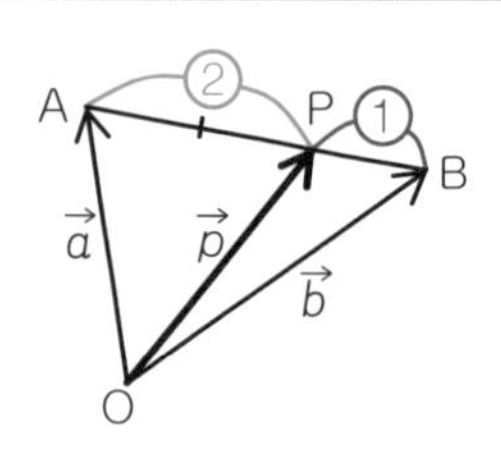

(2)　点 Q は線分 AB を 3：1 に外分する点であるから

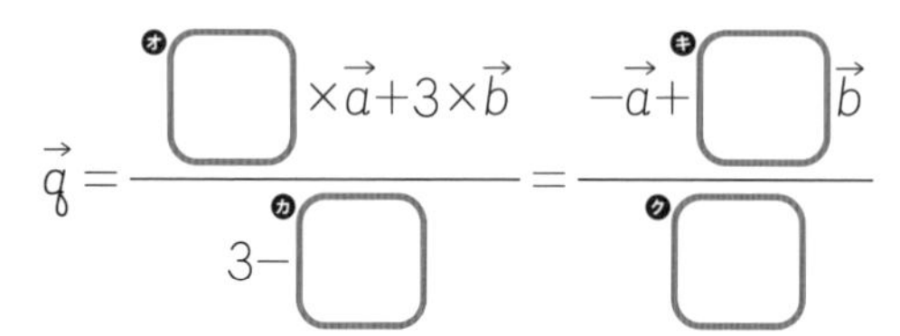

$$\vec{q}=\frac{\boxed{オ}\times\vec{a}+3\times\vec{b}}{3-\boxed{カ}}=\frac{-\vec{a}+\boxed{キ}\vec{b}}{\boxed{ク}}$$

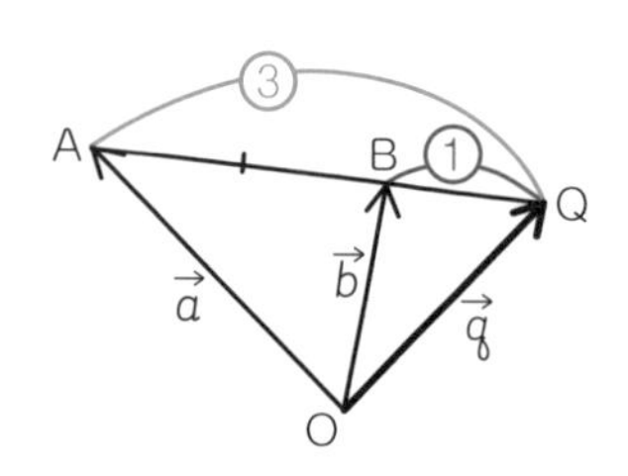

基本練習

答えは別冊 5 ページ

3 点 $A(\vec{a})$，$B(\vec{b})$，$C(\vec{c})$ を頂点とする △ABC について，次の問いに答えよ。

(1) 辺 AB の中点を L とするとき，点 L の位置ベクトル $\vec{l}$ を求めよ。

(2) △ABC の重心を G とするとき，点 G の位置ベクトル $\vec{g}$ を求めよ。

ポイント 一般に，3 点 $A(\vec{a})$，$B(\vec{b})$，$C(\vec{c})$ を頂点とする △ABC の重心の位置ベクトルは $\dfrac{\vec{a}+\vec{b}+\vec{c}}{3}$ で表されます。

もっとくわしく 一般ベクトルと位置ベクトルのちがい

右の 2 つのベクトルは，どちらも $\vec{a}$ で表されますが，始点の定まっていない左側のベクトルは，終点の位置を表すことはできません。それに対し，右側のベクトルは，終点の位置を表しています。

$A(\vec{a})$，$B(\vec{b})$ について，どこに O を定めても，右の図のように $\overrightarrow{AB}=\vec{b}-\vec{a}$ が成り立ちます。

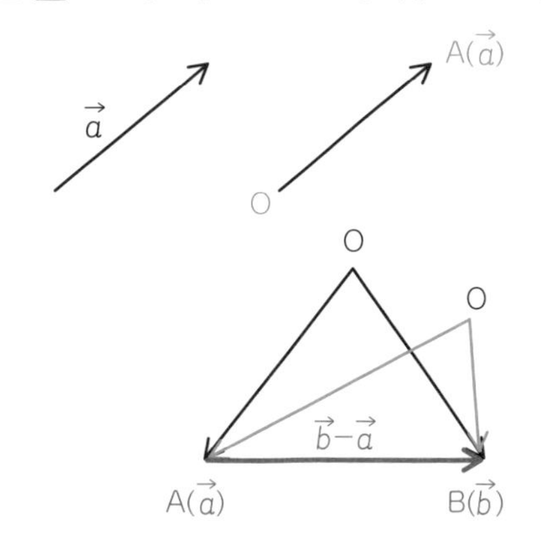

15 ベクトルの図形への応用① 3 点が同一直線上にある条件

平面上の 3 点 A，B，C が同一直線上にあるとき，右のことが成り立ちます。

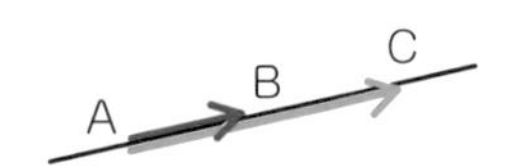

【3点が同一直線上にあるための条件】

3 点 A，B，C が同一直線上にある

$\iff$ $\overrightarrow{AC}=k\overrightarrow{AB}$ となる実数 k がある

問題 1 次の等式が成り立つとき，点 C を図示しましょう。

(1) $\overrightarrow{AC}=2\overrightarrow{AB}$ (2) $\overrightarrow{AC}=-\overrightarrow{AB}$

(1) $\overrightarrow{AC}$ が $\overrightarrow{AB}$ と ㋐[　　] 向きに平行で，大きさが 2 倍である点 C

(2) $\overrightarrow{AC}$ が $\overrightarrow{AB}$ と ㋑[　　] 向きに平行で，大きさが等しい点 C

問題 2 平行四辺形 OABC において，対角線 AC を 1：3 に内分する点を D，辺 AB を 1：2 に内分する点を E とします。

(1) $\overrightarrow{OA}=\vec{a}$，$\overrightarrow{OC}=\vec{c}$ として，$\overrightarrow{OD}$，$\overrightarrow{OE}$ を $\vec{a}$，$\vec{c}$ を用いて表しましょう。

(2) 3 点 O，D，E は同一直線上にあることを証明しましょう。

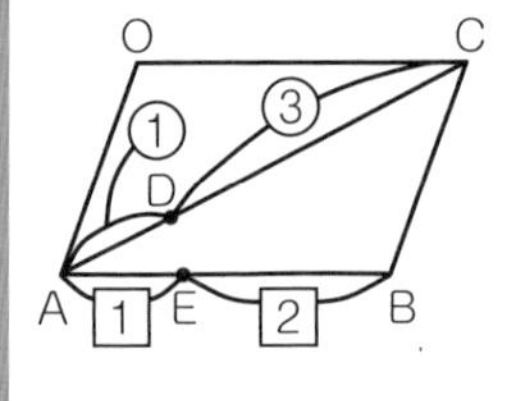

(1) $\overrightarrow{OA}=\vec{a}$，$\overrightarrow{OC}=\vec{c}$ とするとき，

点 D は対角線 AC を 1：3 に内分する点であるから

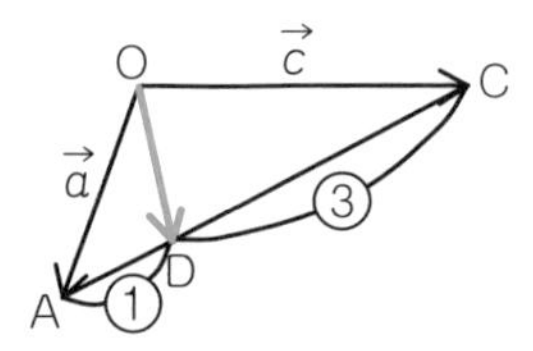

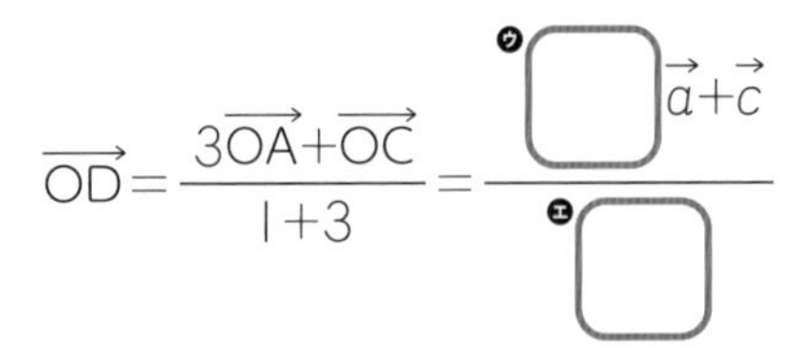

$$\overrightarrow{OD}=\frac{3\overrightarrow{OA}+\overrightarrow{OC}}{1+3}=\frac{㋒[\quad]\vec{a}+\vec{c}}{㋓[\quad]}$$

点 E は辺 AB を 1：2 に内分する点であるから

$$\overrightarrow{OE}=\frac{2\overrightarrow{OA}+\overrightarrow{OB}}{1+2}=\frac{2\vec{a}+(\vec{a}+\vec{c})}{3}=\frac{3\vec{a}+\vec{c}}{3}$$

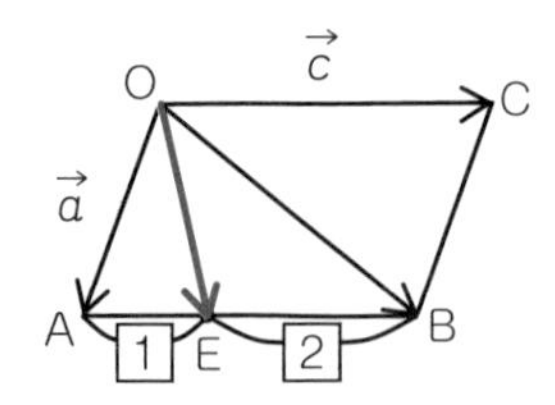

(2) (1)より $\overrightarrow{OE}=\dfrac{㋔[\quad]}{3}\overrightarrow{OD}$ ← $\overrightarrow{OE}=k\overrightarrow{OD}$

よって，3 点 O，D，E は同一直線上にある。

基本練習

答えは別冊5ページ

平行四辺形 OABC において，対角線 AC を 3：2 に内分する点を D，辺 BC を 1：2 に内分する点を E とする。

(1) $\overrightarrow{OA}=\vec{a}$，$\overrightarrow{OC}=\vec{c}$ として，$\overrightarrow{OD}$，$\overrightarrow{OE}$ を $\vec{a}$，$\vec{c}$ を用いて表せ。

(2) 3点 O，D，E は同一直線上にあることを証明せよ。

もっとくわしく 平行条件と3点が同一直線上にあるための条件の違い

・平行条件

$\overrightarrow{AB} /\!/ \overrightarrow{CD} \iff \overrightarrow{CD}=k\overrightarrow{AB}$ となる実数 k がある。

・3点が同一直線上にあるための条件

3点 A，B，C が同一直線上にある $\iff \overrightarrow{AC}=k\overrightarrow{AB}$ となる実数 k がある。

$\overrightarrow{CD}=k\overrightarrow{AB}$ と $\overrightarrow{AC}=k\overrightarrow{AB}$ は似ていますが，同一直線上にあるための条件には $\overrightarrow{AC}=k\overrightarrow{AB}$（同じ）のように，必ず同じ点が含まれます。

16 ベクトルを2通りに表すと

ベクトルの図形への応用②

右の図の△OABにおいて，線分ANと線分BMの交点をPとするとき，Pは線分AN上の点であると同時に線分BM上の点だから，実数s，t $(0<s<1,\ 0<t<1)$を用いると，内分点の公式から

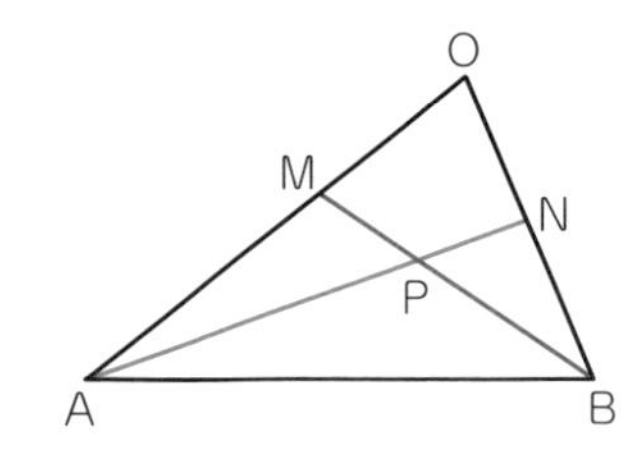

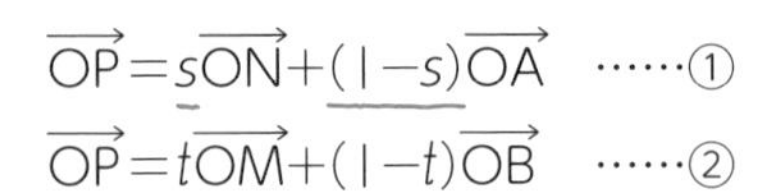

$\overrightarrow{OP}=\underline{s}\overrightarrow{ON}+\underline{(1-s)}\overrightarrow{OA}$ ……①

$\overrightarrow{OP}=\underline{t}\overrightarrow{OM}+\underline{(1-t)}\overrightarrow{OB}$ ……②

と表すことができます。$\overrightarrow{OM}$も$\overrightarrow{ON}$も$\overrightarrow{OA}$，$\overrightarrow{OB}$で書き直すことができて，$|\overrightarrow{OA}|\neq 0$，$|\overrightarrow{OB}|\neq 0$で，$\overrightarrow{OA}$と$\overrightarrow{OB}$は平行でないから，$\overrightarrow{OP}$は2通りに表せて，

$\overrightarrow{OP}=\underline{○}\overrightarrow{OA}+\underline{□}\overrightarrow{OB}$ ……①′

$\overrightarrow{OP}=\underline{●}\overrightarrow{OA}+\underline{■}\overrightarrow{OB}$ ……②′

(○と□はsの式，●と■はtの式)

のように書き直すことができます。したがって

(①′の○の式)＝(②′の●の式)

(①′の□の式)＝(②′の■の式)

これにより，sとtの連立方程式が得られます。

> **【ベクトルの基本性質】**
> $\vec{a}\neq\vec{0}$，$\vec{b}\neq\vec{0}$で，$\vec{a}$と$\vec{b}$が平行でないとき
> $s\vec{a}+t\vec{b}=s'\vec{a}+t'\vec{b} \Longleftrightarrow s=s',\ t=t'$

問題 1　上の図の△OABにおいて，$\overrightarrow{OA}=\vec{a}$，$\overrightarrow{OB}=\vec{b}$とします。OM：MA＝2：1，ON：NB＝1：1のとき，$\overrightarrow{OP}$を$\vec{a}$，$\vec{b}$を用いて表しましょう。

$\overrightarrow{OM}=\dfrac{2}{2+1}\overrightarrow{OA}=\dfrac{2}{3}\vec{a}$，$\overrightarrow{ON}=\dfrac{1}{1+1}\vec{b}=\dfrac{1}{2}\vec{b}$

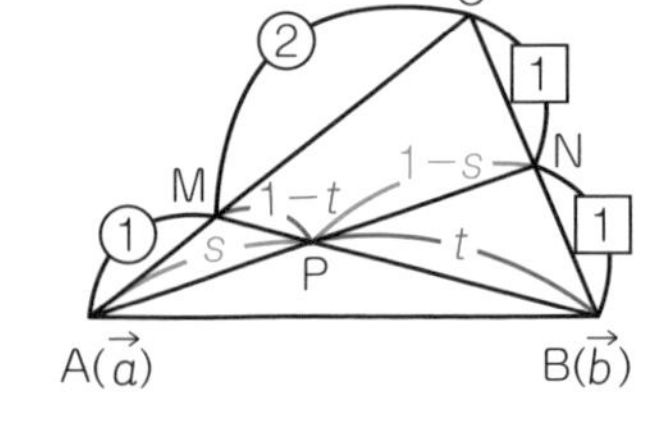

点Pが線分ANを$s:(1-s)$に内分する点とすると

$\overrightarrow{OP}=(1-s)\overrightarrow{OA}+s\overrightarrow{ON}$

点Pが線分BMを$t:(1-t)$に内分する点とすると

$\overrightarrow{OP}=t\overrightarrow{OM}+(1-t)\overrightarrow{OB}$

だから　$\overrightarrow{OP}=(1-s)\vec{a}+\dfrac{1}{2}s\vec{b}$，$\overrightarrow{OP}=\dfrac{2}{3}t\vec{a}+(1-t)\vec{b}$　←$\overrightarrow{OP}$を2通りに表す

$\vec{a}\neq\vec{0}$，$\vec{b}\neq\vec{0}$で，$\vec{a}$と$\vec{b}$は平行でないから　㋐［　　］$=\dfrac{2}{3}t$　かつ　$\dfrac{1}{2}s=$㋑［　　］

この連立方程式を解いて　$s=\dfrac{1}{2}$，$t=\dfrac{3}{4}$

これを$\overrightarrow{OP}=(1-s)\vec{a}+\dfrac{1}{2}s\vec{b}$に代入して　$\overrightarrow{OP}=$㋒［　］$\vec{a}+$㋓［　］$\vec{b}$

基本練習

答えは別冊 5 ページ

△OAB において，辺 OA を 2：3 に内分する点を C，辺 OB を 4：3 に内分する点を D とし，線分 AD と BC の交点を P とする。

$\overrightarrow{OA}=\vec{a}$，$\overrightarrow{OB}=\vec{b}$ とするとき，$\overrightarrow{OP}$ を $\vec{a}$，$\vec{b}$ を用いて表せ。

もっとくわしく　メネラウスの定理（数学Aの平面図形）の利用

問題 1 において，△OAN と直線 BM にメネラウスの定理を用いると

$$\frac{AP}{PN}\cdot\frac{NB}{BO}\cdot\frac{OM}{MA}=1$$

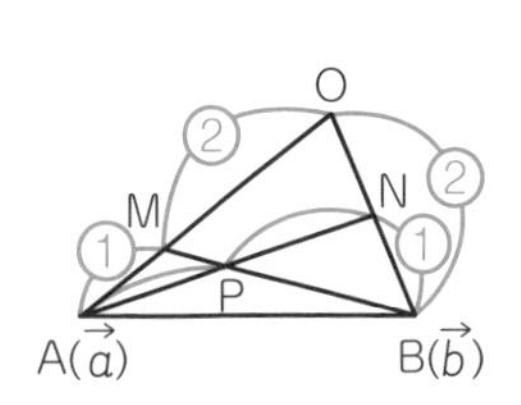

したがって　$\frac{AP}{PN}\cdot\frac{1}{2}\cdot\frac{2}{1}=1$，　$\frac{AP}{PN}=1$　　よって　AP：PN＝1：1

ゆえに　$\overrightarrow{OP}=\frac{\overrightarrow{OA}+\overrightarrow{ON}}{2}=\frac{1}{2}\overrightarrow{OA}+\frac{1}{2}\cdot\frac{1}{2}\overrightarrow{OB}=\frac{1}{2}\vec{a}+\frac{1}{4}\vec{b}$

17 直線のベクトル方程式と成分表示

ベクトル方程式①

平面上の直線をベクトルを用いて表すことを考えましょう。

点 A$(\vec{a})$ を通り，$\vec{0}$ でないベクトル $\vec{u}$ に平行な直線を ℓ とすると，直線 ℓ 上の任意の点 P$(\vec{p})$ に対して，$\overrightarrow{AP}=t\vec{u}$ となる実数 t がただ１つに定まります。

$\overrightarrow{AP}=\vec{p}-\vec{a}$ であるから　$\boldsymbol{\vec{p}=\vec{a}+t\vec{u}}$ **（t は実数）**　……①

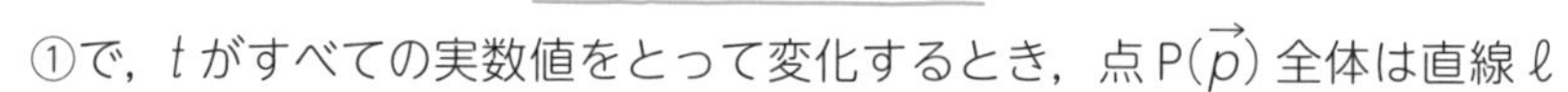

①で，t がすべての実数値をとって変化するとき，点 P$(\vec{p})$ 全体は直線 ℓ になります。①を直線 ℓ の**ベクトル方程式**といい，$\vec{u}$ を直線 ℓ の**方向ベクトル**，t を**媒介変数**または**パラメータ**といいます。

また，O を原点とする座標平面上で，点 A$(x_1,\ y_1)$ を通り，$\vec{u}=(a,\ b)$ に平行な直線 ℓ 上の点を P$(x,\ y)$ とします。ベクトル方程式①は　$(x,\ y)=(x_1,\ y_1)+t(a,\ b)$

すなわち　$\begin{cases} x=x_1+ta \\ y=y_1+tb \end{cases}$　……②　と表すことができます。

②を直線 ℓ の**媒介変数表示**といい，t を消去すると，次のように表すことができます。

点 A$(x_1,\ y_1)$ を通り，$\vec{u}=(a,\ b)$ に平行な直線の方程式は　$\boldsymbol{b(x-x_1)-a(y-y_1)=0}$

問題❶　**点 A$(-2,\ 1)$ を通り，ベクトル $\vec{u}=(2,\ 1)$ に平行な直線を媒介変数 t を用いて表しましょう。また，t を消去した方程式を求めましょう。**

点 A$(-2,\ 1)$ を通り，ベクトル $\vec{u}=(2,\ 1)$ に平行な直線は，方向ベクトルが $\vec{u}=(2,\ 1)$ であるから，この直線上の点 P$(x,\ y)$ について

$(x,\ y)=(-2,\ $ ア $\square)+t($ イ $\square,\ 1)$

$=(-2+$ ウ $\square\, t,\ $ エ $\square+t)$

よって，直線の媒介変数表示は

$\begin{cases} x=-2+\text{オ}\ \square\ t \\ y=\text{カ}\ \square+t \end{cases}$

また，媒介変数 t を消去すると　$y=\dfrac{1}{\text{キ}\ \square}x+$ ク $\square$

基本練習

答えは別冊６ページ

平面ベクトル

次の問いに答えよ。

(1) 点 A$(2,\ -1)$ を通り，$\vec{u}=(-3,\ 2)$ に平行な直線の方程式を媒介変数 t を用いて表せ。

(2) 点 $(4,\ 1)$ を通り，$\vec{u}=(2,\ 3)$ に平行な直線の方程式が $3(x-4)-2(y-1)=0$ となることを媒介変数 t を用いて確かめよ。

もっとくわしく　直線のベクトル方程式

直線上の点を $\mathrm{P}(x_0,\ y_0)$ とすると $\vec{p}(x,\ y)$ は次のように表せます。

$\vec{p}=(x_0,\ y_0)+t(a,\ b)$　← $\mathrm{P}(x_0,\ y_0)$ を通り $\vec{u}(a,\ b)$ と平行な直線

これを変形すると　$b(x-x_0)-a(y-y_0)$　← $x=x_0+ta$，$y=y_0+tb$ で，t を消却

18 異なる2点を通る直線

ベクトル方程式②

異なる2点A$(\vec{a})$，B$(\vec{b})$を通る直線ABのベクトル方程式を考えてみましょう。

これは**17**でも学んだように，点A$(\vec{a})$を通り，方向ベクトルが$\overrightarrow{AB}=\vec{b}-\vec{a}$の直線だから，AB上の点P$(\vec{p})$に関して次の式が得られます。

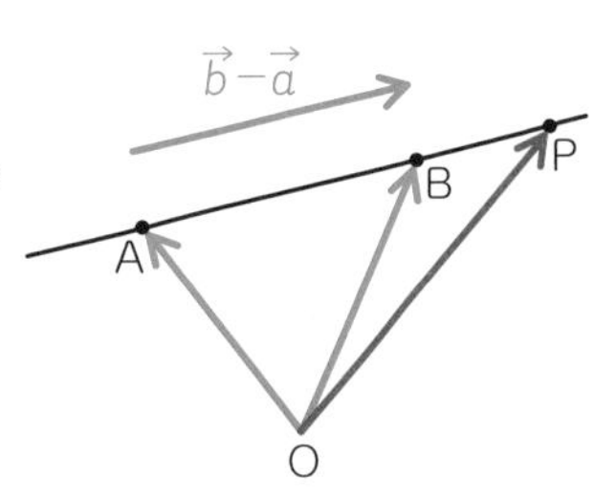

$$\vec{p}=\vec{a}+t(\vec{b}-\vec{a})$$

さらに，これを整理して，次のベクトル方程式が得られます。

$$\vec{p}=(1-t)\vec{a}+t\vec{b} \quad \cdots\cdots①$$

問題1　2点C$(\vec{c})$，D$(\vec{d})$を通る直線CDのベクトル方程式を求めましょう。

点C$(\vec{c})$を通り，方向ベクトルを$\overrightarrow{CD}=$ ㋐［　　　］と考え，tを実数とすると，直線CD上の点

P$(\vec{p})$について　$\vec{p}=\vec{c}+$ ㋑［　　］$(\vec{d}-\vec{c})$

これを整理して　$\vec{p}=($ ㋒［　　　］$)\vec{c}+t\vec{d}$

①で，tの値の範囲と直線AB上の点Pとの関係について考えてみましょう。

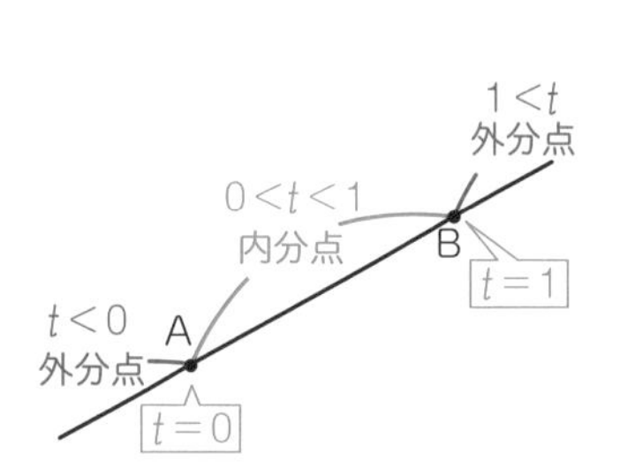

①で，$t=0$のときは，$1-t=1$だから，$\vec{p}=\vec{a}$となり，点Pは点Aと一致します。

同様に，①で，$t=1$のときは，$1-t=0$だから，$\vec{p}=\vec{b}$となり，点Pは点Bと一致します。

また，$0<t<1$のとき，点Pは線分ABを$t:(1-t)$に内分する点（点A，Bを除く）を表しています。

なお，①で$1-t=s$と書き換えると，$\boldsymbol{\vec{p}=s\vec{a}+t\vec{b}}$，$\boldsymbol{s+t=1}$となります。

ここまでの内容をまとめると，右のようになります。

【異なる2点を通る直線】

異なる2点A$(\vec{a})$，B$(\vec{b})$を通る直線ABのベクトル方程式は，

[1]　$\vec{p}=(1-t)\vec{a}+t\vec{b}$

[2]　$\vec{p}=s\vec{a}+t\vec{b}$，$s+t=1$

基本練習

➡ 答えは別冊 6 ページ

異なる 2 点 A($\vec{a}$)，B($\vec{b}$) を通る直線 AB のベクトル方程式

$$\vec{p}=s\vec{a}+t\vec{b},\ s+t=1$$

において，s，t の値の範囲が次のとき，直線 AB 上の点 P の存在範囲を求めよ。

(1) $s \geqq 0$，$t \geqq 0$

(2) $s>0$，$t>0$

(3) $s+t=1$（s，t の範囲の指示がない）

もっと くわしく　三角形の面積と内積

右の図で，△OAB の面積 S は下のように表すことができます。

$$S=\frac{1}{2}\times \mathrm{OA}\times \mathrm{OB}\times \sin\theta$$

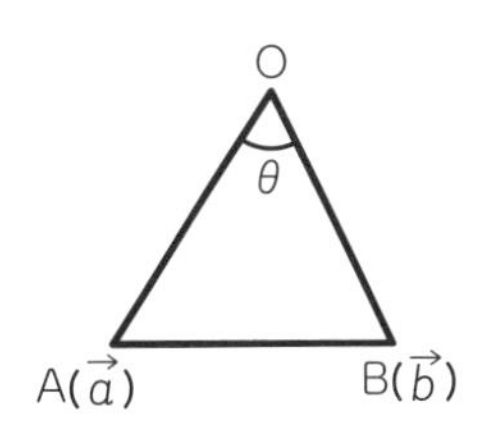

これをベクトルで表すと，どのようになるでしょうか。

$\overrightarrow{\mathrm{OA}}=\vec{a}$，$\overrightarrow{\mathrm{OB}}=\vec{b}$ とすると　$\mathrm{OA}=|\overrightarrow{\mathrm{OA}}|=|\vec{a}|$，$\mathrm{OB}=|\overrightarrow{\mathrm{OB}}|=|\vec{b}|$

よって　$S=\frac{1}{2}|\vec{a}||\vec{b}|\sin\theta$

△OAB は三角形なので，$0^\circ<\theta<180^\circ$ で，$\sin\theta>0$ だから　$S=\frac{1}{2}|\vec{a}||\vec{b}|\sqrt{1-\cos^2\theta}$

$$=\frac{1}{2}\sqrt{|\vec{a}|^2|\vec{b}|^2-|\vec{a}|^2|\vec{b}|^2\cos^2\theta}$$

19 ベクトル方程式の見方・考え方

ベクトル方程式③

ここでは，前回学んだ s，t の範囲が与えられた直線のベクトル方程式

$$\vec{p}=s\vec{a}+t\vec{b},\ s+t=1,\ s\geqq 0,\ t\geqq 0$$

や，内分する点の公式

$$\overrightarrow{OP}=\frac{n\vec{a}+m\vec{b}}{m+n}$$

を図形に利用してみましょう。

問題 1　△OAB において，次の式を満たす点 P の存在範囲を求めましょう。

$$\overrightarrow{OP}=s\overrightarrow{OA}+t\overrightarrow{OB},\ s+t=\frac{3}{2},\ s\geqq 0,\ t\geqq 0$$

$s+t=\dfrac{3}{2}$ から　$\dfrac{2}{3}s+\dfrac{2}{3}t=$ ㋐ □

ここで，$\dfrac{2}{3}s=s'$，$\dfrac{2}{3}t=t'$ とおくと　← $s'\geqq 0$，$t'\geqq 0$

$$\overrightarrow{OP}=s\overrightarrow{OA}+t\overrightarrow{OB}$$

$$=\frac{3}{2}s'(\overrightarrow{OA})+\frac{3}{2}t'(\overrightarrow{OB})=s'\left(\frac{3}{2}\overrightarrow{OA}\right)+t'\left(\frac{3}{2}\overrightarrow{OB}\right)$$

よって，$\dfrac{3}{2}\overrightarrow{OA}=\overrightarrow{OA'}$，$\dfrac{3}{2}\overrightarrow{OB}=\overrightarrow{OB'}$ となる点 A′，B′ をとると

$$\overrightarrow{OP}=s'\overrightarrow{OA'}+t'\overrightarrow{OB'},\ s'+t'=1,\ s'\geqq 0,\ t'\geqq 0$$

したがって，点 P の存在範囲は線分 A′B′ である。

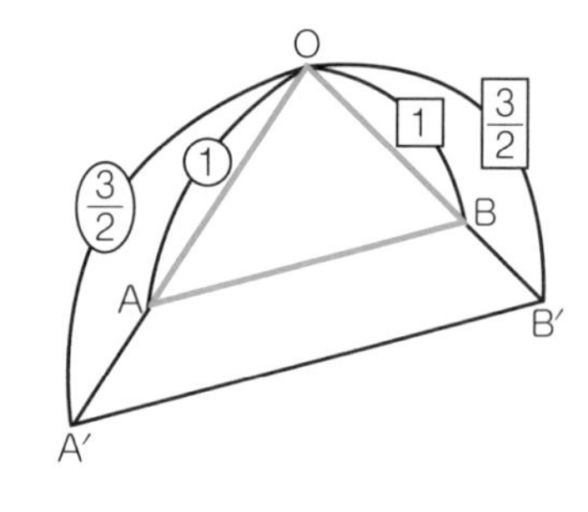

もっとくわしく　図形の証明問題へのベクトルの応用

たとえば，「△ABC の辺 AB，辺 AC の中点をそれぞれ M，N とするとき，MN∥BC，MN$=\dfrac{1}{2}$BC」は『中点連結定理』ですが，次のように考えることができます。

$\overrightarrow{AB}=\vec{b}$，$\overrightarrow{AC}=\vec{c}$ として　$\overrightarrow{BC}=\vec{c}-\vec{b}$，$\overrightarrow{MN}=\dfrac{1}{2}(\vec{c}-\vec{b})$

よって　MN∥BC，MN$=\dfrac{1}{2}$BC

図形の比の問題や証明も，このようにベクトルを用いることによって，数の計算を行うような流れの中で考えることができます。

基本練習

答えは別冊 6 ページ

△ABC に関して，ある点 P が $\overrightarrow{AP}+\overrightarrow{BP}+3\overrightarrow{CP}=\overrightarrow{0}$ を満たすとき，次の問いに答えよ。

(1) $\overrightarrow{AP}$ を，$\overrightarrow{AB}$，$\overrightarrow{AC}$ を用いて表せ。

(2) P はどのような点か調べよ。

20 ベクトル方程式④ 内積で表されるベクトル方程式

17，18 では，直線のベクトル方程式を「平行」であることを利用して考えましたが，垂直から直線の方向を決めることで，直線のベクトル方程式を表す方法もあります。

【内積で表された直線のベクトル方程式】
点 A$(\vec{a})$ を通り，$\vec{n}$ に垂直な直線 ℓ 上にある点を P$(\vec{p})$ とすると，直線 ℓ を表すベクトル方程式は
$\vec{n}\cdot\overrightarrow{AP}=0$　すなわち　$\vec{n}\cdot(\vec{p}-\vec{a})=0$

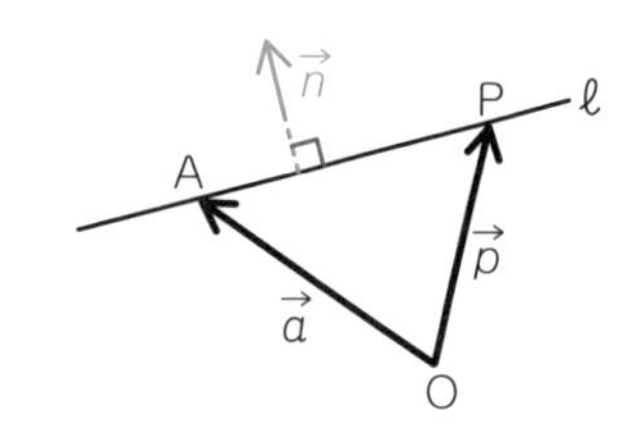

このとき，ベクトル $\vec{n}$ を直線 ℓ の**法線ベクトル**といいます。

また，点 P の座標を $(x,\ y)$，点 A の座標を $(x_1,\ y_1)$，$\vec{n}=(a,\ b)$ とすると，$\overrightarrow{AP}=\vec{p}-\vec{a}=(x-x_1,\ y-y_1)$ だから，$\vec{n}\cdot\overrightarrow{AP}=0$ を成分で表すと

$$a(x-x_1)+b(y-y_1)=0$$

となります。つまり，直線 $ax+by+c=0$ と $\vec{n}=(a,\ b)$ は垂直であることがわかります。

なお，$\vec{n}\cdot\overrightarrow{AP}=0$ において，A＝P のときは $\overrightarrow{AP}=\vec{0}$ だから，$\vec{n}\cdot\overrightarrow{AP}=0$ を満たす点 P は，すべて点 A を通り，$\vec{n}=(a,\ b)$ に垂直な直線上にあるといえます。

問題 1　**点 A(4，3) を通り，ベクトル $\vec{n}$=(1，2) に垂直な直線の方程式を求めましょう。**

点 A(4，3) を通り，ベクトル $\vec{n}=(1,\ 2)$ に垂直な直線を ℓ として，直線 ℓ 上の点を P$(x,\ y)$ とおく。

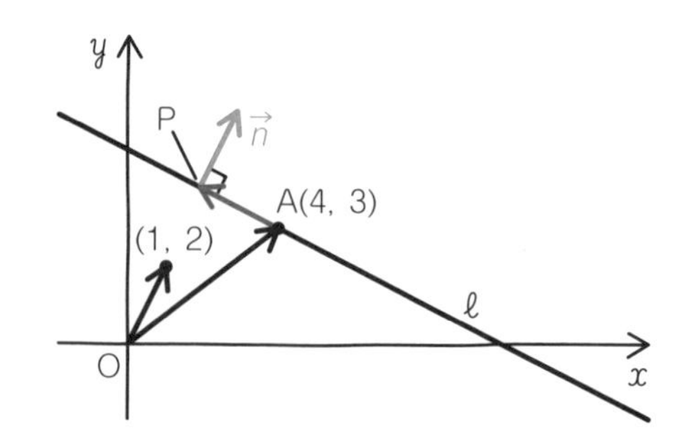

このとき　$\overrightarrow{OA}=(4,\ 3)$

よって　$\overrightarrow{AP}=\overrightarrow{OP}-\overrightarrow{OA}$

$=(x-4,\ y-3)$

$\vec{n}\cdot\overrightarrow{AP}=0$ だから

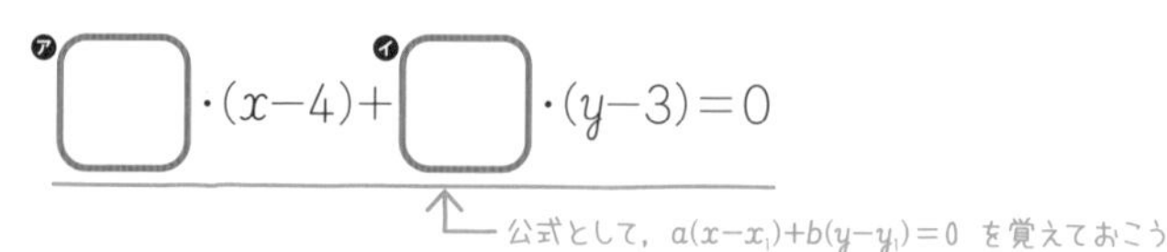

よって　$x+$ ウ $y-$ エ $=0$

基本練習

答えは別冊6ページ

次の問いに答えよ。

(1) 点A(1, 4)を通り，$\vec{n}=(5,\ -3)$に垂直な直線の方程式を求めよ。

(2) 直線$y=2x+3$をℓとし，点A(5, 5)を通り，直線ℓと垂直な直線をmとする。このとき，2直線ℓとmの交点Pの座標を求めよ。

もっとくわしく 円のベクトル方程式

円のベクトル方程式は，円の定義「1つの点から等しい距離にある点の集合」をベクトルを用いて数式で書き直したものとなります。

円は，「点$C(\vec{c})$から距離rにある点$P(\vec{p})$の集まり」といえるので

$|\vec{p}-\vec{c}|=r$ ……①

両辺を2乗すると　$|\vec{p}-\vec{c}|^2=r^2$

内積を用いて　$(\vec{p}-\vec{c})\cdot(\vec{p}-\vec{c})=r^2$ ……②

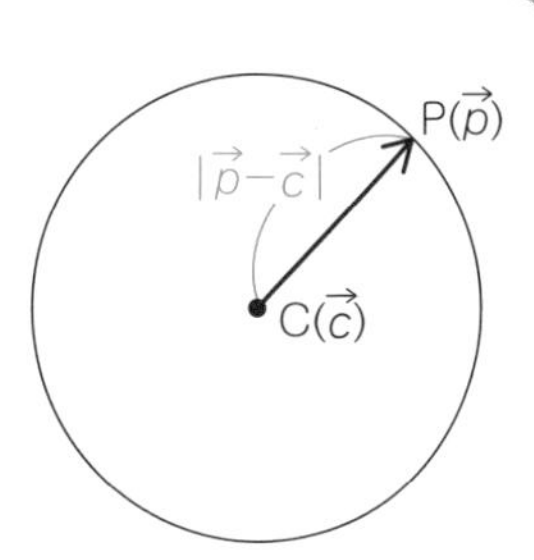

①，②はいずれも，中心が$C(\vec{c})$，半径がrの円のベクトル方程式です。

これを$P(x,\ y)$，$C(a,\ b)$として成分で書き換えると　$(x-a)^2+(y-b)^2=r^2$　が導かれます。

答えは別冊16～17ページ

復習テスト 1

1

1辺の長さが1のひし形OABCにおいて，$\angle \mathrm{AOC}=120^\circ$とする。辺ABを2：1に内分する点をPとし，直線BC上に点Qを$\overrightarrow{\mathrm{OP}} \perp \overrightarrow{\mathrm{OQ}}$となるようにとる。以下，$\overrightarrow{\mathrm{OA}}=\vec{a}$，$\overrightarrow{\mathrm{OB}}=\vec{b}$とおく。三角形OPQの面積を求めよう。

$\overrightarrow{\mathrm{OP}}=\dfrac{\boxed{\text{ア}}}{\boxed{\text{イ}}}\vec{a}+\dfrac{\boxed{\text{ウ}}}{\boxed{\text{イ}}}\vec{b}$である。

実数tを用いて$\overrightarrow{\mathrm{OQ}}=(1-t)\overrightarrow{\mathrm{OB}}+t\overrightarrow{\mathrm{OC}}$と表されるので，$\overrightarrow{\mathrm{OQ}}=\boxed{\text{エ}}\,t\vec{a}+\vec{b}$である。

ここで，$\vec{a}\cdot\vec{b}=\dfrac{\boxed{\text{オ}}}{\boxed{\text{カ}}}$，$\overrightarrow{\mathrm{OP}}\cdot\overrightarrow{\mathrm{OQ}}=\boxed{\text{キ}}$であることから，$t=\dfrac{\boxed{\text{ク}}}{\boxed{\text{ケ}}}$である。

これらのことから，$|\overrightarrow{\mathrm{OP}}|=\dfrac{\sqrt{\boxed{\text{コ}}}}{\boxed{\text{サ}}}$，$|\overrightarrow{\mathrm{OQ}}|=\dfrac{\sqrt{\boxed{\text{シス}}}}{\boxed{\text{セ}}}$である。

よって，三角形OPQの面積Sは$S=\dfrac{\boxed{\text{ソ}}\sqrt{\boxed{\text{タ}}}}{\boxed{\text{チツ}}}$である。

（センター試験本試）一部省略

2

a を $0<a<1$ を満たす定数とする。三角形 ABC を考え，辺 AB を 1：3 に内分する点を D，辺 BC を $a:(1-a)$ に内分する点を E，直線 AE と直線 CD の交点を F とする。$\overrightarrow{FA}=\vec{p}$，$\overrightarrow{FB}=\vec{q}$，$\overrightarrow{FC}=\vec{r}$ とおく。

(1) $\overrightarrow{AB}=$ [ア] であり，$|\overrightarrow{AB}|^2=|\vec{p}|^2-$ [イ] $\vec{p}\cdot\vec{q}+|\vec{q}|^2$ ……① である。

ただし，[ア] については，あてはまるものを，次の⓪～③のうちから1つ選べ。

⓪ $\vec{p}+\vec{q}$　① $\vec{p}-\vec{q}$　② $\vec{q}-\vec{p}$　③ $-\vec{p}-\vec{q}$

(2) $\overrightarrow{FD}$ を $\vec{p}$ と $\vec{q}$ を用いて表すと

$$\overrightarrow{FD}=\frac{\boxed{ウ}}{\boxed{エ}}\vec{p}+\frac{\boxed{オ}}{\boxed{カ}}\vec{q}\quad\cdots\cdots②$$ である。

(3) s，t をそれぞれ $\overrightarrow{FD}=s\vec{r}$，$\overrightarrow{FE}=t\vec{p}$ となる実数とする。s と t を a を用いて表そう。

$\overrightarrow{FD}=s\vec{r}$ であるから，②により，$\vec{q}=$ [キク] $\vec{p}+$ [ケ] $s\vec{r}$ ……③ である。

また，$\overrightarrow{FE}=t\vec{p}$ であるから，$\vec{q}=\dfrac{t}{\boxed{コ}-\boxed{サ}}\vec{p}-\dfrac{\boxed{シ}}{\boxed{コ}-\boxed{サ}}\vec{r}$ ……④ である。

③と④により，$s=\dfrac{\boxed{スセ}}{\boxed{ソ}(\boxed{コ}-\boxed{サ})}$，$t=\boxed{タチ}(\boxed{コ}-\boxed{サ})$ である。

(4) $|\overrightarrow{AB}|=|\overrightarrow{BE}|$ とする。$|\vec{p}|=1$ のとき，$\vec{p}$ と $\vec{q}$ の内積を a を用いて表そう。

①により，$|\overrightarrow{AB}|^2=1-$ [イ] $\vec{p}\cdot\vec{q}+|\vec{q}|^2$ である。

また，$|\overrightarrow{BE}|^2=\boxed{ツ}(\boxed{コ}-\boxed{サ})^2+\boxed{テ}(\boxed{コ}-\boxed{サ})\vec{p}\cdot\vec{q}+|\vec{q}|^2$ である。

したがって，$\vec{p}\cdot\vec{q}=\dfrac{\boxed{トナ}-\boxed{ニ}}{\boxed{ヌ}}$ である。

(センター試験本試)

21 空間の点を x, y, z 座標で表そう

空間の座標

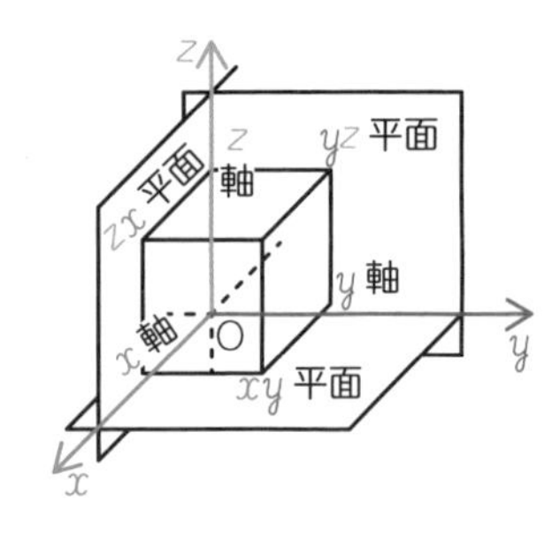

空間の座標は，右の図のように1点Oで互いに直交する3本の数直線によって定められます。これらを，それぞれx軸，y軸，z軸といい，まとめて**座標軸**といいます。

また，点Oを座標の**原点**といいます。

さらに，x軸とy軸で定まる平面を　xy平面，

y軸とz軸で定まる平面を　yz平面，

z軸とx軸で定まる平面を　zx平面

といい，まとめて**座標平面**といいます。

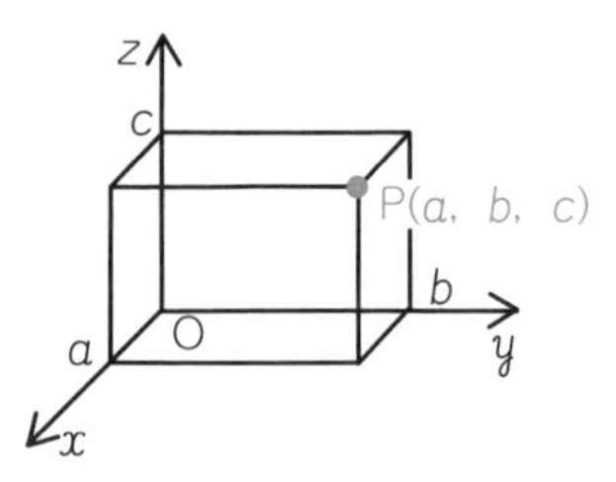

空間に点Pがあるとき，点Pを通り，各座標平面に平行な平面が，x軸，y軸，z軸と交わる点の座標を，それぞれa，b，cとするとき，$(a,\ b,\ c)$を点Pの座標といい，$P(a,\ b,\ c)$と表します。また，a，b，cをそれぞれ点Pの**x座標**，**y座標**，**z座標**といいます。

このように，座標の定められた空間を**座標空間**といいます。

問題1　空間における点$P(1,\ 3,\ 2)$に対して，次の点の座標を求めましょう。

(1) **xy平面に関して対称な点A**

(2) **x軸に関して対称な点B**

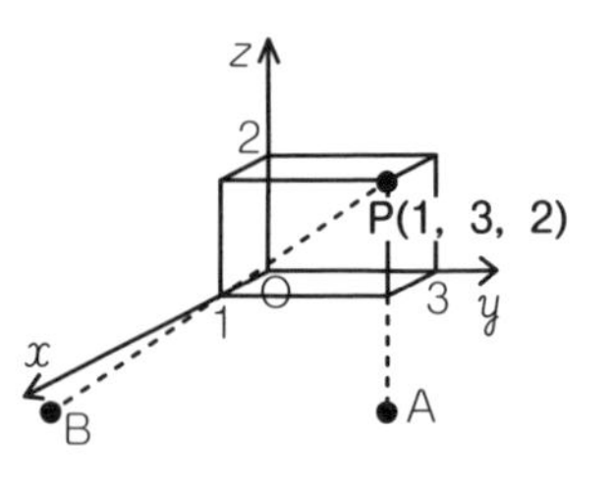

(1)　点Aの座標を$(x,\ y,\ z)$とすると

点Pと点Aのz座標の符号が異なり，x座標とy座標はそれぞれ等しいから　$x=$[ア]，$y=$[イ]，$z=-2$

よって　A([ア]，[イ]，-2)

(2)　点Bの座標を$(x,\ y,\ z)$とすると

点Pと点Bのx座標は等しく，y座標，z座標はそれぞれ符号が異なるから

$x=1$，$y=-$[ウ]，$z=-$[エ]

よって　B(1，$-$[ウ]，$-$[エ])

基本練習

答えは別冊7ページ

空間における点 P(2，4，5) に対して，次の点の座標を求めよ。

(1)　yz 平面に関して対称な点 A

(2)　y 軸に関して対称な点 B

もっとくわしく　座標平面に平行な平面

座標平面に平行な平面の方程式について考えましょう。
点 (0，0，2) を通って，xy 平面に平行な平面を考えます。
この平面の点は，すべて z 座標が 2 であるから，平面の方程式は

$z=2$　と表されます。

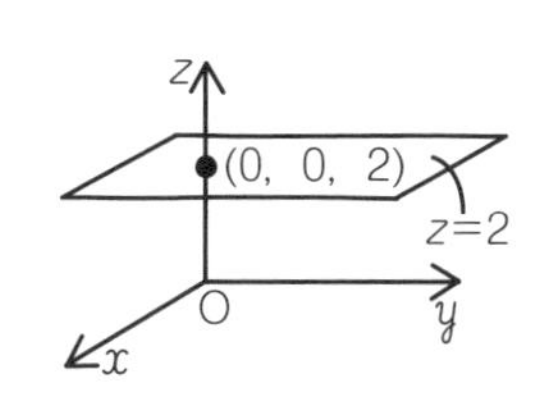

22 空間における2点間の距離

空間における2点 $A(x_1, y_1, z_1)$ と $B(x_2, y_2, z_2)$ 間の距離を求めてみましょう。

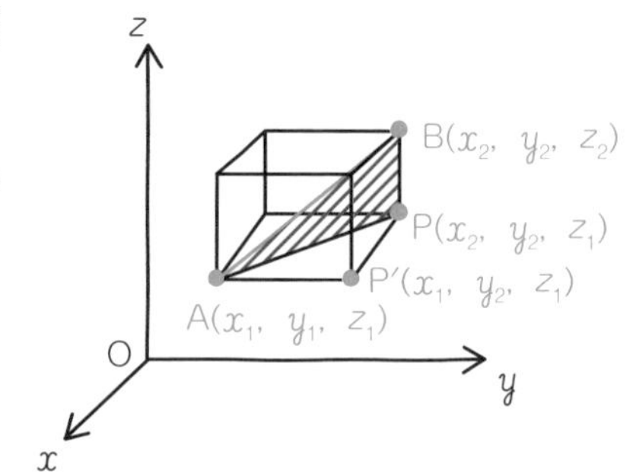

右の図のような直方体で考えます。A，B 間の距離を求めるために，直角三角形 BAP に三平方の定理を用います。

$$AP^2 = AP'^2 + PP'^2 = (y_2 - y_1)^2 + (x_2 - x_1)^2$$

よって

$$AB^2 = AP^2 + BP^2 = (y_2 - y_1)^2 + (x_2 - x_1)^2 + (z_2 - z_1)^2$$

以上より

$$AB = \sqrt{(x_2 - x_1)^2 + (y_2 - y_1)^2 + (z_2 - z_1)^2}$$

【2点間の距離】

2点 $A(x_1, y_1, z_1)$，$B(x_2, y_2, z_2)$ において，

$$AB = \sqrt{(x_2 - x_1)^2 + (y_2 - y_1)^2 + (z_2 - z_1)^2}$$

問題 1　**原点 O と点 P(1，3，2) 間の距離を求めましょう。**

右の図のような直方体で考えます。

O，P 間の距離を求めるために，直角三角形 OPQ において三平方の定理を用いると

$$OP^2 = OQ^2 + PQ^2$$

$$= (OA^2 + AQ^2) + PQ^2 \quad \leftarrow OQ^2 = OA^2 + AQ^2$$

$$= 1^2 + \boxed{\text{ア}}^2 + 2^2$$

$$= \boxed{\text{イ}}$$

OP>0 であるから

$$OP = \sqrt{\boxed{\text{ウ}}}$$

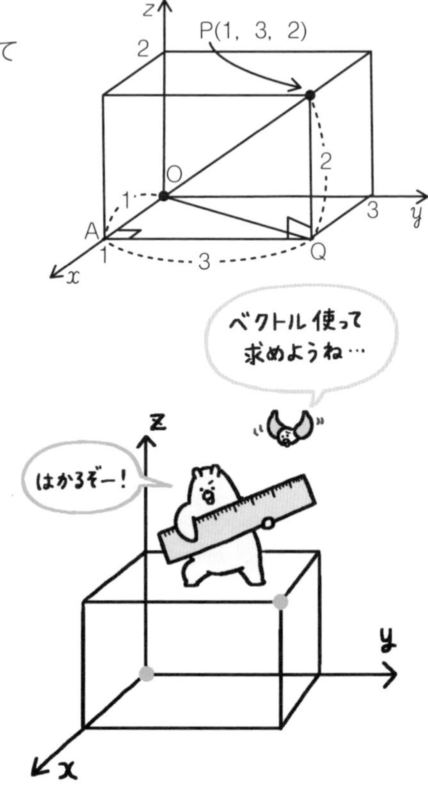

原点 O と点 $A(x_1, y_1, z_1)$ 間の距離は

$$OA = \sqrt{x_1^2 + y_1^2 + z_1^2}$$

基本練習

答えは別冊７ページ

次の空間座標についての問いに答えよ。

(1) 点A(9, 2, 2)と点B(3, 5, 4)間の距離を求めよ。

(2) 原点Oと点P(2, 4, 5)間の距離を求めよ。

もっとくわしく 三角形の形状

3点O(0, 0, 0), A(3, −4, 5), B(6, −8, 0)を頂点とする△OABはどのような三角形でしょうか。

$OA=\sqrt{3^2+(-4)^2+5^2}=\sqrt{50}=5\sqrt{2}$, $OB=\sqrt{6^2+(-8)^2+0^2}=\sqrt{100}=10$

$AB=\sqrt{(6-3)^2+\{-8-(-4)\}^2+(0-5)^2}=\sqrt{50}=5\sqrt{2}$ であるから

$OA=AB=5\sqrt{2}$

$OB^2=OA^2+AB^2$

よって，△OABは∠OAB＝90°の直角二等辺三角形である。

23 空間ベクトル 空間のベクトル

平面の場合と同様に，空間においても，始点をA，終点をBとする有向線分ABで表されるベクトルを$\overrightarrow{AB}$で表し，その大きさを$|\overrightarrow{AB}|$で表します。空間のベクトルも$\vec{a}$，$\vec{b}$などで表すことがあります。

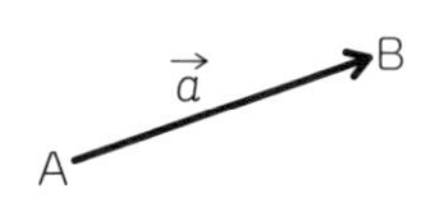

空間のベクトルについても，

・$\vec{a}=\vec{b}$　（2つのベクトル$\vec{a}$と$\vec{b}$の大きさと向きが等しい）

・$\vec{a}$の逆ベクトル$-\vec{a}$　（ベクトル$\vec{a}$と大きさが等しく，向きが反対のベクトル）

・零ベクトル$\vec{0}$　（大きさが0のベクトル）

・単位ベクトル　（大きさが1のベクトル）

は平面上のベクトルと同様に定義されます。

また，空間のベクトルの**和・差・実数倍**も平面上のベクトルと同様に定義され，演算については，右のことが成り立ちます。

2つずつ平行な3組の平面で囲まれる立体を**平行六面体**といいます。直方体も平行六面体であり，平行六面体の各面は平行四辺形です。

【空間のベクトルの法則①】

[1]　$\vec{a}+\vec{b}=\vec{b}+\vec{a}$

[2]　$(\vec{a}+\vec{b})+\vec{c}=\vec{a}+(\vec{b}+\vec{c})$

[3]　$k(\ell\vec{a})=(k\ell)\vec{a}$

[4]　$(k+\ell)\vec{a}=k\vec{a}+\ell\vec{a}$，$k(\vec{a}+\vec{b})=k\vec{a}+k\vec{b}$

ただし，k，ℓ は実数

問題1　**右の図の平行六面体ABCD−EFGHにおいて，$\overrightarrow{AB}=\vec{a}$，$\overrightarrow{AD}=\vec{b}$，$\overrightarrow{AE}=\vec{c}$とするとき，次のベクトルを$\vec{a}$，$\vec{b}$，$\vec{c}$を用いて表しましょう。**

(1)　$\overrightarrow{AF}$　　(2)　$\overrightarrow{AG}$　　(3)　$\overrightarrow{DF}$

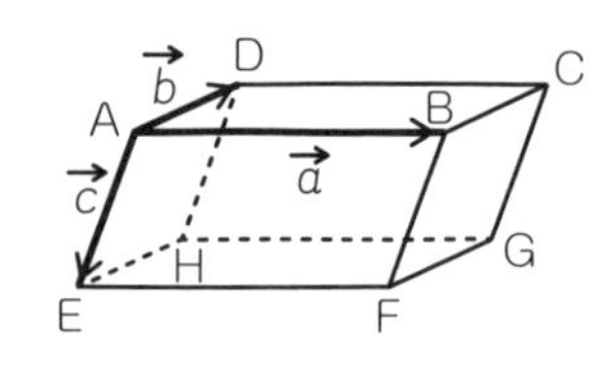

(1)　$\overrightarrow{AF}=\overrightarrow{AB}+\overrightarrow{BF}=\overrightarrow{AB}+\overrightarrow{AE}$　←四角形AEFBは平行四辺形であるから $\overrightarrow{BF}=\overrightarrow{AE}$

$=$ ㋐ $\overrightarrow{\square}+\vec{c}$

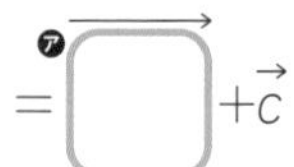

(2)　$\overrightarrow{AG}=\overrightarrow{AB}+\overrightarrow{BC}+\overrightarrow{CG}$　←$\overrightarrow{AG}=\overrightarrow{AE}+\overrightarrow{EF}+\overrightarrow{FG}$ などとしてもよい

$=\overrightarrow{AB}+\overrightarrow{AD}+\overrightarrow{AE}$

$=\vec{a}+\vec{b}+$ ㋑ $\overrightarrow{\square}$

(3)　$\overrightarrow{DF}=\overrightarrow{DC}+\overrightarrow{CB}+\overrightarrow{BF}$

$=\overrightarrow{AB}-\overrightarrow{AD}+\overrightarrow{AE}$　←$\overrightarrow{CB}$と$\overrightarrow{AD}$は向きが反対で大きさが等しい

$=\vec{a}-$ ㋒ $\overrightarrow{\square}+\vec{c}$

基本練習

答えは別冊７ページ

右の図の平行六面体 ABCD−EFGH において，$\overrightarrow{\mathrm{AB}}=\vec{a}$，$\overrightarrow{\mathrm{AD}}=\vec{b}$，$\overrightarrow{\mathrm{AE}}=\vec{c}$ とするとき，次のベクトルを $\vec{a}$，$\vec{b}$，$\vec{c}$ を用いて表せ。

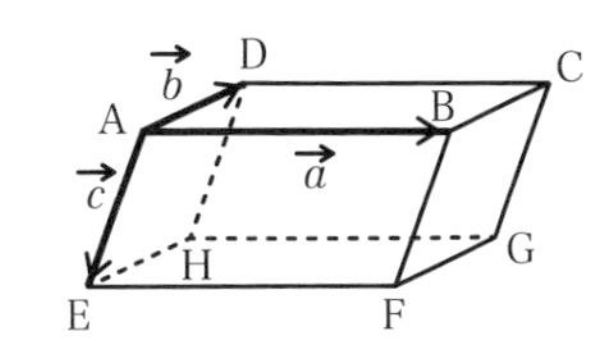

(1)　$\overrightarrow{\mathrm{BH}}$

(2)　$\overrightarrow{\mathrm{CE}}$

もっとくわしく　四面体におけるベクトル

右の図の四面体 OABC において，辺 AB，BC の中点をそれぞれ M，N とします。$\overrightarrow{\mathrm{OA}}=\vec{a}$，$\overrightarrow{\mathrm{OB}}=\vec{b}$，$\overrightarrow{\mathrm{OC}}=\vec{c}$ とするとき，$\overrightarrow{\mathrm{MN}}$ を $\vec{a}$，$\vec{b}$，$\vec{c}$ を用いて表しましょう。

M は AB の中点だから

$$\overrightarrow{\mathrm{OM}}=\frac{\vec{a}+\vec{b}}{2}$$

N は BC の中点だから

$$\overrightarrow{\mathrm{ON}}=\frac{\vec{b}+\vec{c}}{2}$$

したがって

$$\overrightarrow{\mathrm{MN}}=\overrightarrow{\mathrm{ON}}-\overrightarrow{\mathrm{OM}}=\frac{\vec{b}+\vec{c}}{2}-\frac{\vec{a}+\vec{b}}{2}=\frac{\vec{c}-\vec{a}}{2}$$

24 空間図形をベクトル成分で表そう

空間ベクトルの成分①

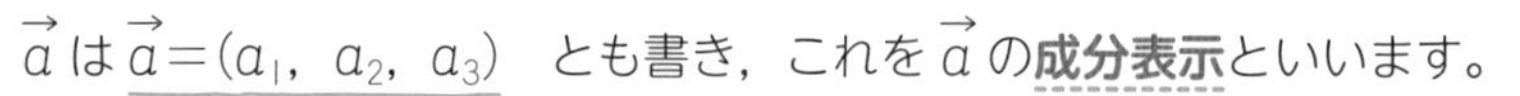

Oを原点とする座標空間において，x 軸，y 軸，z 軸上の正の向きと同じ向きの単位ベクトルを**基本ベクトル**といい，それぞれ $\vec{e_1}$，$\vec{e_2}$，$\vec{e_3}$ で表します。

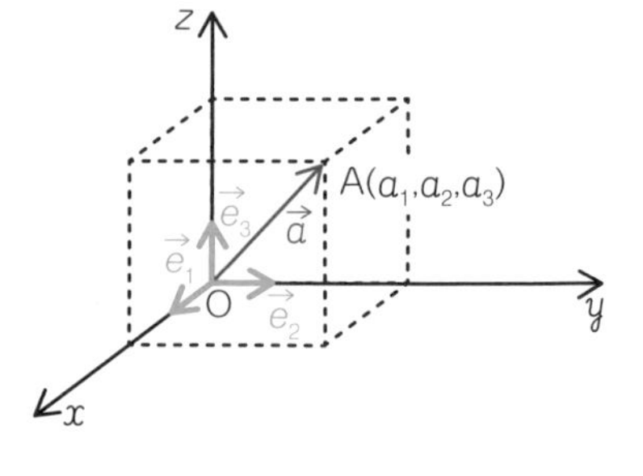

ベクトル $\vec{a}$ に対して，$\vec{a}=\overrightarrow{OA}$ となる点Aの座標を $(a_1,\ a_2,\ a_3)$ とすると $\vec{a}=a_1\vec{e_1}+a_2\vec{e_2}+a_3\vec{e_3}$ と表せます。

この a_1，a_2，a_3 をベクトル $\vec{a}$ の **x 成分**，**y 成分**，**z 成分**といい，まとめて，$\vec{a}$ の成分といいます。

$\vec{a}$ は $\vec{a}=(a_1,\ a_2,\ a_3)$ とも書き，これを $\vec{a}$ の**成分表示**といいます。

また，空間の2つのベクトルについて，平面の場合と同様に，次のことが成り立ちます。

【空間のベクトルの法則②】

[1] $\vec{a}=\vec{b} \iff a_1=b_1,\ a_2=b_2,\ a_3=b_3$

[2] $|\vec{a}|=\sqrt{a_1{}^2+a_2{}^2+a_3{}^2}$

[3] $\vec{a}+\vec{b}=(a_1,\ a_2,\ a_3)+(b_1,\ b_2,\ b_3)=(a_1+b_1,\ a_2+b_2,\ a_3+b_3)$

[4] $\vec{a}-\vec{b}=(a_1,\ a_2,\ a_3)-(b_1,\ b_2,\ b_3)=(a_1-b_1,\ a_2-b_2,\ a_3-b_3)$

[5] $k\vec{a}=k(a_1,\ a_2,\ a_3)=(ka_1,\ ka_2,\ ka_3)$ （k は実数）

問題1 次のベクトルの大きさを求めましょう。

(1) $\vec{a}=(3,\ 1,\ 2)$　　(2) $\vec{b}=(1,\ 1,\ -2)$

(1) $\vec{a}=(3,\ 1,\ 2)$ のとき $|\vec{a}|=\sqrt{3^2+1^2+2^2}=\sqrt{14}$

← $\vec{a}=(a_1,\ a_2,\ a_3)$ のとき $|\vec{a}|=\sqrt{a_1{}^2+a_2{}^2+a_3{}^2}$

(2) $\vec{b}=(1,\ 1,\ -2)$ のとき $|\vec{b}|=\sqrt{1^2+1^2+(-2)^2}=\sqrt{\boxed{ア}}$

問題2 $\vec{a}=(2,\ -1,\ 2)$，$\vec{b}=(1,\ 1,\ -1)$ であるとき，次のベクトルを成分で表しましょう。

(1) $\vec{a}+\vec{b}$　　(2) $3\vec{a}+2\vec{b}$

(1) $\vec{a}+\vec{b}=(2,\ -1,\ 2)+(1,\ 1,\ -1)$

$=(2+\boxed{イ},\ -1+1,\ 2-1)$

$=(3,\ \boxed{ウ},\ \boxed{エ})$

(2) $3\vec{a}+2\vec{b}=3(2,\ -1,\ 2)+2(1,\ 1,\ -1)$

$=(6,\ -3,\ 6)+(2,\ 2,\ -2)$

$=(6+2,\ -3+\boxed{オ},\ 6-2)$

$=(\boxed{カ},\ -1,\ \boxed{キ})$

基本練習

答えは別冊 7 ページ

次の問いに答えよ。

(1) 2 点 A(4, −3, 2), B(7, 1, −3) について, $\overrightarrow{AB}$ を成分表示し, $|\overrightarrow{AB}|$ を求めよ。

(2) 2 つのベクトル $\vec{a}=(3,\ 2,\ -5)$, $\vec{b}=(x-3,\ y+2,\ -z+3)$ が等しくなるように, x, y, z の値を求めよ。

もっとくわしく　空間ベクトルの成分と大きさ

座標空間の 2 点 $A(a_1,\ a_2,\ a_3)$, $B(b_1,\ b_2,\ b_3)$ について,
ベクトル $\overrightarrow{AB}$ の成分と大きさは次のように表せます。

$\overrightarrow{AB}=(b_1-a_1,\ b_2-a_2,\ b_3-a_3)$

$|\overrightarrow{AB}|=\sqrt{(b_1-a_1)^2+(b_2-a_2)^2+(b_3-a_3)^2}$

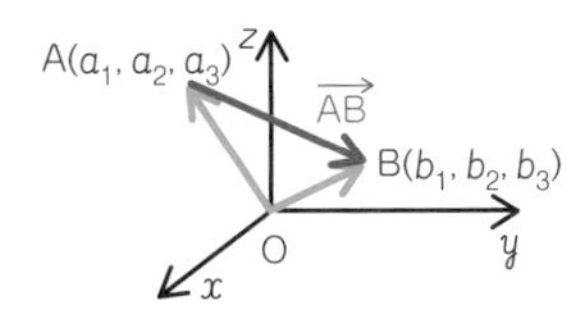

25 空間ベクトルの成分②
空間図形とベクトルの大きさ

平面の場合と同様に，空間においても，$\vec{0}$ でない2つのベクトル $\vec{a}=(a_1,\ a_2,\ a_3)$，$\vec{b}=(b_1,\ b_2,\ b_3)$ の平行について，次のことが成り立ちます。

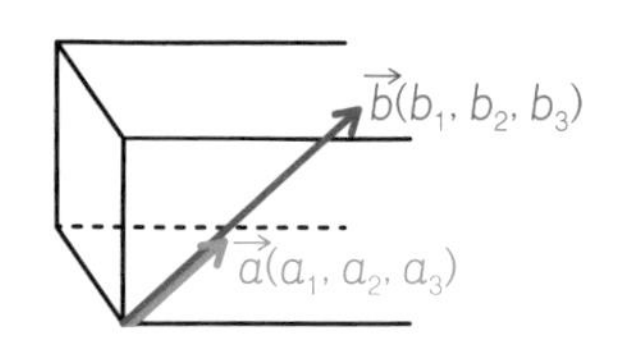

$\vec{a}\parallel\vec{b}$ $\iff$ $\vec{b}=k\vec{a}$ となる実数 k がある

すなわち

$\vec{a}\parallel\vec{b}$ $\iff$ $(b_1,\ b_2,\ b_3)=k(a_1,\ a_2,\ a_3)$ となる実数 k がある

では，平行なベクトルについて考えてみましょう。

問題① **$\vec{a}=(2,\ -2,\ 1)$ と平行で，大きさが6のベクトルを求めましょう。**

求めるベクトルを $\vec{p}=(x,\ y,\ z)$ とする。

$\vec{p}\parallel\vec{a}$ より 実数 k を用いると，

$$(x,\ y,\ z)=k(\text{ア}\square,\ -2,\ 1)$$

と書くことができる。

したがって $x=\text{イ}\square k,\ y=-2k,\ z=k$ ……①

$|\vec{p}|=6$ より $\sqrt{x^2+y^2+z^2}=6$

すなわち $x^2+y^2+z^2=\text{ウ}\square$ ……②

①を②に代入して $(2k)^2+(-2k)^2+k^2=\text{ウ}\square$

$\text{エ}\square k^2=36$

$k=\pm\text{オ}\square$

よって，求めるベクトルは

$(4,\ -4,\ \text{カ}\square)$，$(-4,\ \text{キ}\square,\ -2)$

基本練習

答えは別冊８ページ

$\vec{a}=(2,\ \sqrt{3},\ -3)$ と平行で，大きさが８のベクトルを求めよ。

もっとくわしく　$\vec{a}$ と同じ向きの単位ベクトル

$\vec{a}$ と同じ向きの単位ベクトルは $\dfrac{1}{|\vec{a}|}\vec{a}$ で表されます。

$\vec{a}=(1,\ 2,\ -2)$ について

$|\vec{a}|=\sqrt{1^2+2^2+(-2)^2}=\sqrt{9}=3$ であるから，

$\vec{a}$ と同じ向きの単位ベクトルは

$\dfrac{1}{3}\vec{a}=\left(\dfrac{1}{3},\ \dfrac{2}{3},\ -\dfrac{2}{3}\right)$

26 空間ベクトルの分解

空間ベクトルの分解

同一平面上にない4点O，A，B，Cについて

$\overrightarrow{OA}=\vec{a}$，$\overrightarrow{OB}=\vec{b}$，$\overrightarrow{OC}=\vec{c}$

とするとき，空間の任意の点Pに対して$\overrightarrow{OP}=\vec{p}$とおくと，$\vec{p}$は，実数$l$，$m$，$n$を用いて

$$\vec{p}=l\vec{a}+m\vec{b}+n\vec{c}$$

の形に表すことができます。この表し方は，ただ1通りです。

〈$l\vec{a}+m\vec{b}+n\vec{c}$の表すベクトル〉

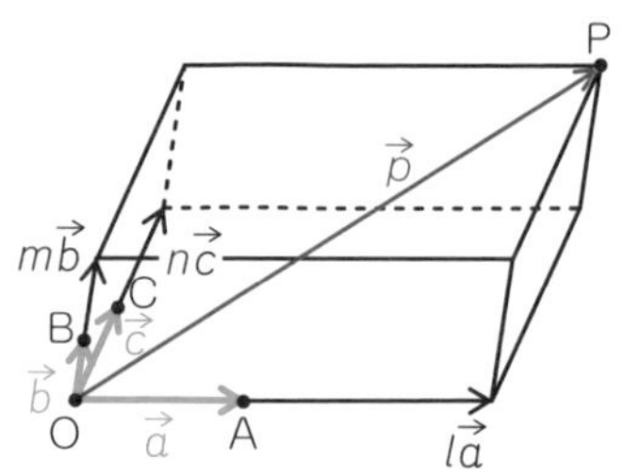

問題1 $\vec{a}=(2,\ 1,\ -1)$，$\vec{b}=(-1,\ 0,\ 3)$，$\vec{c}=(-3,\ 1,\ 2)$のとき，$\vec{p}=(1,\ 5,\ -2)$を$\vec{p}=l\vec{a}+m\vec{b}+n\vec{c}$の形に表しましょう。

$\vec{p}=l\vec{a}+m\vec{b}+n\vec{c}$の両辺を成分で表すと，

$$(1,\ 5,\ -2)=l(2,\ 1,\ -1)+m(-1,\ 0,\ 3)+n(-3,\ 1,\ 2)$$

$$=(\boxed{\text{ア}}\,l,\ l,\ -l)+(-m,\ \boxed{\text{イ}},\ 3m)+(-3n,\ n,\ \boxed{\text{ウ}}\,n)$$

$$=(\boxed{\text{エ}}\,l-m-3n,\ l+n,\ -l+3m+\boxed{\text{オ}}\,n)$$

したがって
$$\begin{cases} 1=2l-m-3n & \cdots\cdots① \\ \boxed{\text{カ}}=l+n & \cdots\cdots② \\ -2=-l+3m+2n & \cdots\cdots③ \end{cases}$$

①×3+③から　$5l-7n=\boxed{\text{キ}}$　……④　← $\begin{array}{r} 3=6l-3m-9n \\ +)\ -2=-l+3m+2n \\ \hline 1=5l\qquad -7n \end{array}$

②，④を解くと　$l=\boxed{\text{ク}}$，$n=2$　←②×7+④からnを消去

①に代入して　$m=-1$

よって　$\vec{p}=\boxed{\text{ケ}}\,\vec{a}-\vec{b}+\boxed{\text{コ}}\,\vec{c}$

x座標，y座標，z座標で空間を考えるよ

基本練習

答えは別冊 8 ページ

$\vec{a}=(1,\ 2,\ 1)$，$\vec{b}=(1,\ -2,\ 0)$，$\vec{c}=(0,\ -1,\ 2)$ のとき，$\vec{p}=(-1,\ 4,\ 5)$ を $\vec{p}=l\vec{a}+m\vec{b}+n\vec{c}$ の形で表せ。

もっとくわしく　平行四辺形となる点の座標

3 点 A(2，2，0)，B(3，0，2)，C(5，6，0) について，四角形 ABCD が平行四辺形となるとき，点 D の座標を求めてみましょう。

点 D の座標を $(x,\ y,\ z)$ とおくと，$\overrightarrow{AD}=\overrightarrow{BC}$ となればよいから

$$(x-2,\ y-2,\ z)=(5-3,\ 6-0,\ 0-2)$$

これを解くと　$x=4$，$y=8$，$z=-2$

よって，D(4，8，−2)

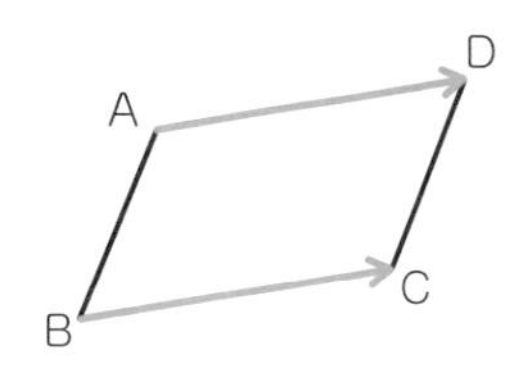

27 空間ベクトルの内積

平面の場合と同様に，空間においても，$\vec{0}$ でない 2 つのベクトル $\vec{a}$ と $\vec{b}$ のなす角を θ とするとき，$\vec{a}$，$\vec{b}$ の内積 $\vec{a}\cdot\vec{b}$ を，次の式で定義します。

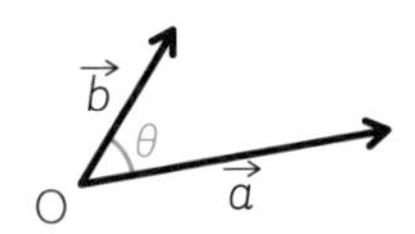

$\vec{a}\cdot\vec{b}=|\vec{a}||\vec{b}|\cos\theta$　　ただし，$0°\leqq\theta\leqq180°$

問題1　右下の図のような 1 辺の長さが 2 の立方体について，次の内積を求めましょう。

(1) $\overrightarrow{AC}\cdot\overrightarrow{AE}$　　(2) $\overrightarrow{AC}\cdot\overrightarrow{AF}$

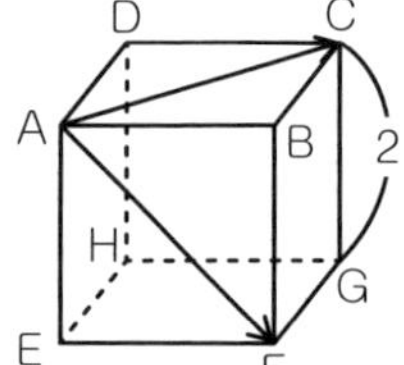

(1)　∠CAE＝90° であるから　$\overrightarrow{AC}\cdot\overrightarrow{AE}=|\overrightarrow{AC}||\overrightarrow{AE}|\cos$ ㋐□°＝㋑□

(2)　△AFC は正三角形であるから，$|\overrightarrow{AC}|=2\sqrt{2}$，$|\overrightarrow{AF}|=2\sqrt{2}$，∠CAF＝60° であり

$$\overrightarrow{AC}\cdot\overrightarrow{AF}=|\overrightarrow{AC}||\overrightarrow{AF}|\cos \text{㋒□}°=2\sqrt{2}\times2\sqrt{2}\times\frac{1}{\text{㋓□}}=\text{㋔□}$$

空間の 2 つのベクトル $\vec{a}=(a_1,\ a_2,\ a_3)$，$\vec{b}=(b_1,\ b_2,\ b_3)$ について，$\vec{a}$ と $\vec{b}$ のなす角を θ（$0°\leqq\theta\leqq180°$）とするとき，次のことが成り立ちます。

【空間ベクトルの内積となす角】

[1]　$\vec{a}\cdot\vec{b}=a_1b_1+a_2b_2+a_3b_3$

[2]　$\cos\theta=\dfrac{\vec{a}\cdot\vec{b}}{|\vec{a}||\vec{b}|}=\dfrac{a_1b_1+a_2b_2+a_3b_3}{\sqrt{a_1{}^2+a_2{}^2+a_3{}^2}\sqrt{b_1{}^2+b_2{}^2+b_3{}^2}}$

[3]　$\vec{a}\neq\vec{0}$，$\vec{b}\neq\vec{0}$ のとき，$\vec{a}\perp\vec{b}\iff\vec{a}\cdot\vec{b}=0$

問題2　$\vec{a}=(1,\ 2,\ 3)$，$\vec{b}=(-2,\ 3,\ 1)$ について，内積 $\vec{a}\cdot\vec{b}$ とそのなす角 θ を求めましょう。

内積 $\vec{a}\cdot\vec{b}$ は　$\vec{a}\cdot\vec{b}=1\times(-2)+2\times3+3\times1=$ ㋕□

$\vec{a}$ と $\vec{b}$ のなす角を θ とするとき

$$\cos\theta=\frac{\vec{a}\cdot\vec{b}}{|\vec{a}||\vec{b}|}=\frac{7}{\sqrt{1^2+2^2+3^2}\sqrt{(-2)^2+3^2+1^2}}=\frac{1}{\text{㋖□}}$$

$0°\leqq\theta\leqq180°$ であるから　$\theta=$ ㋗□°

基本練習

答えは別冊 8 ページ

2 つのベクトル $\vec{a}=(-2,\ 1,\ 2)$，$\vec{b}=(-1,\ 1,\ 0)$ について，次の問いに答えよ。

(1) 内積 $\vec{a}\cdot\vec{b}$ を求めよ。

(2) $\vec{a}$ と $\vec{b}$ のなす角 θ を求めよ。

もっとくわしく　2 つのベクトルに垂直なベクトル

2 つのベクトル $\vec{a}=(1,\ 0,\ 1)$，$\vec{b}=(-1,\ 1,\ 0)$ の両方に垂直で，大きさが 3 のベクトルを求めましょう。

求めるベクトルを　$\vec{p}=(x,\ y,\ z)$ とおくと

$\vec{p}\perp\vec{a}$　から　$\vec{p}\cdot\vec{a}=x+z=0$　……①

$\vec{p}\perp\vec{b}$　から　$\vec{p}\cdot\vec{b}=-x+y=0$　……②

$|\vec{p}|=3$　から　$|\vec{p}|^2=x^2+y^2+z^2=9$　……③

①，②，③を解くと　$x=\sqrt{3}$ のとき　$y=\sqrt{3}$，$z=-\sqrt{3}$，$x=-\sqrt{3}$ のとき　$y=-\sqrt{3}$，$z=\sqrt{3}$

よって，求めるベクトルは　$(\sqrt{3},\ \sqrt{3},\ -\sqrt{3})$，$(-\sqrt{3},\ -\sqrt{3},\ \sqrt{3})$

28 空間の位置ベクトル

空間の位置ベクトル

空間においても，定点 O をとると，点 A の位置は，$\overrightarrow{OA}=\vec{a}$ となるベクトル $\vec{a}$ によって定まります。

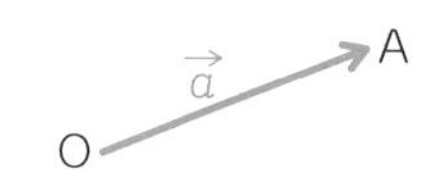

このとき，$\vec{a}$ を点 O を基点とする点 A の**位置ベクトル**といい，点 A を $A(\vec{a})$ で表します。

平面の場合と同様に，次のことが成り立ちます。

[1]　2 点 $A(\vec{a})$，$B(\vec{b})$ に対して　$\overrightarrow{AB}=\vec{b}-\vec{a}$

[2]　2 点 $A(\vec{a})$，$B(\vec{b})$ に対して，線分 AB を $m:n$ に内分する点を $P(\vec{p})$，外分する点を $Q(\vec{q})$ とすると　$\vec{p}=\dfrac{n\vec{a}+m\vec{b}}{m+n}$，$\vec{q}=\dfrac{-n\vec{a}+m\vec{b}}{m-n}$　$(m \neq n)$

また，2 点 A，B が異なるとき，平面の場合と同様に，次のことが成り立ちます。

【3点が同一直線上にあるための条件】

3 点 A，B，C が同一直線上にある　$\Longleftrightarrow$　$\overrightarrow{AC}=k\overrightarrow{AB}$ となる実数 k がある

問題 1　4 点 O，$A(\vec{a})$，$B(\vec{b})$，$C(\vec{c})$ を頂点とする四面体 OABC において，辺 OA の中点を P，辺 BC を 1：2 に内分する点を Q とします。

このとき，次のベクトルを $\vec{a}$，$\vec{b}$，$\vec{c}$ を用いて表しましょう。

(1) $\overrightarrow{OP}$　　(2) $\overrightarrow{OQ}$　　(3) $\overrightarrow{PQ}$

(1) 点 P は辺 OA の中点であるから　$\overrightarrow{OP}=\dfrac{1}{\boxed{ア}}\overrightarrow{OA}=\dfrac{1}{\boxed{イ}}\vec{a}$

(2) 点 Q は辺 BC を 1：2 に内分する点であるから

$$\overrightarrow{OQ}=\frac{\boxed{ウ}\overrightarrow{OB}+\overrightarrow{OC}}{1+\boxed{エ}}=\frac{2\vec{b}+\vec{c}}{\boxed{オ}}$$

(3) $\overrightarrow{PQ}=\overrightarrow{OQ}-\overrightarrow{OP}=\dfrac{2\vec{b}+\vec{c}}{\boxed{オ}}-\dfrac{1}{\boxed{イ}}\vec{a}$　← ベクトルの差より $\overrightarrow{PQ}=\overrightarrow{OQ}-\overrightarrow{OP}$

$$=-\frac{1}{2}\vec{a}+\frac{\boxed{カ}}{3}\vec{b}+\frac{\boxed{キ}}{3}\vec{c}$$

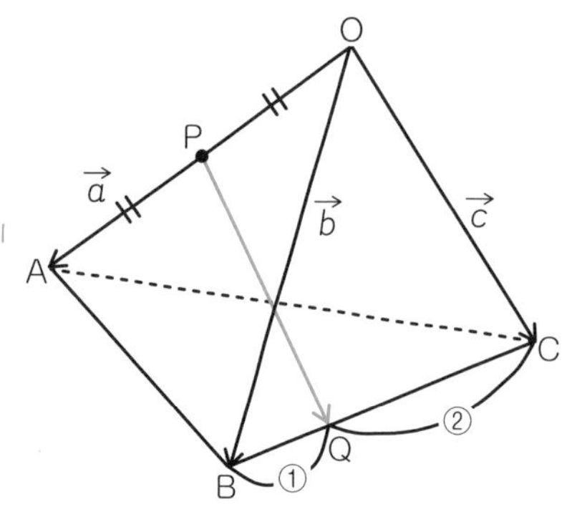

基本練習

答えは別冊 8 ページ

平行六面体 ABCD−EFGH において，△CFH の重心を P とするとき，点 P は対角線 AG 上にあることを証明せよ。

もっとくわしく 四面体 ABCD の重心

平面の場合と同様に，3 点 A($\vec{a}$)，B($\vec{b}$)，C($\vec{c}$) を頂点とする △ABC の重心 G の位置ベクトル $\vec{g}$ は $\vec{g}=\dfrac{\vec{a}+\vec{b}+\vec{c}}{3}$ で表されます。

4 点 A($\vec{a}$)，B($\vec{b}$)，C($\vec{c}$)，D($\vec{d}$) を頂点とする四面体 ABCD において，△BCD の重心を G($\vec{g}$)，線分 AG を 3：1 に内分する点を P($\vec{p}$) とします。

$\vec{p}=\dfrac{\vec{a}+3\vec{g}}{3+1}=\dfrac{\vec{a}+3\vec{g}}{4}$，$\vec{g}=\dfrac{\vec{b}+\vec{c}+\vec{d}}{3}$ より

$\vec{p}=\dfrac{\vec{a}+\vec{b}+\vec{c}+\vec{d}}{4}$　　この点 P は，四面体 ABCD の重心です。

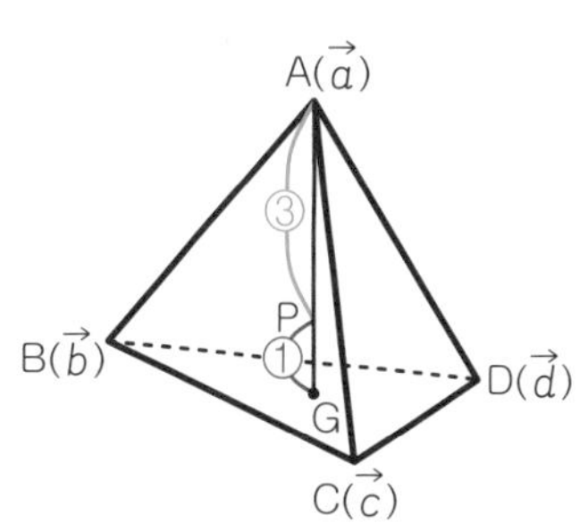

29 球面の方程式

球面の方程式とベクトル方程式

空間において，定点Cから距離 r が一定である点全体を，Cを中心とする半径 r の**球面**，または単に**球**といいます。

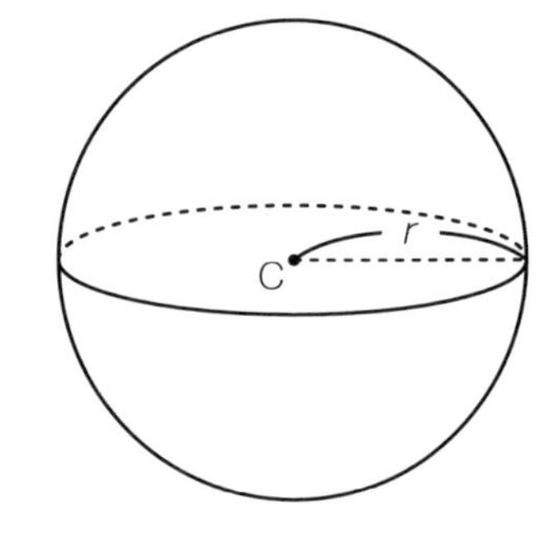

平面における円のベクトル方程式が，定点 $C(\vec{c})$ から距離 r である点 $P(\vec{p})$ の集合として，$|\vec{p}-\vec{c}|=r$ で表されたように，空間における球もまったく同様に表されます。すなわち

$$|\vec{p}-\vec{c}|=r$$

このとき，定点 $C(\vec{c})$ は球の中心を表します。

点 $P(x,\ y,\ z)$，定点 $C(a,\ b,\ c)$，距離を r として，このベクトル方程式を成分で表すと，$\vec{p}-\vec{c}=(x-a,\ y-b,\ z-c)$ だから

$$(x-a)^2+(y-b)^2+(z-c)^2=r^2 \quad \leftarrow |\vec{p}-\vec{c}|^2=r^2$$

となります。とくに，原点 $(0,\ 0,\ 0)$ から等距離 r にある球面の方程式は

$$x^2+y^2+z^2=r^2$$

となります。

問題1　2点 $A(3,\ 5,\ 1)$，$B(1,\ 1,\ 5)$ を直径の両端とする球の方程式を求めましょう。

中心を求めて，球の定義に従って求めます。

2点A，Bの中点の座標は $\left(\frac{3+1}{2},\ \frac{5+1}{2},\ \frac{1+5}{2}\right)$ より　$(2,\ 3,\ 3)$

したがって，球の半径は

$$\sqrt{(3-2)^2+(5-3)^2+(1-3)^2}=\boxed{}^{㋐}$$

よって，求める球の方程式は

$$(x-2)^2+(y-3)^2+(z-3)^2=\boxed{}^{㋑\,2}$$

基本練習

答えは別冊 9 ページ

2 点 A(0, 1, 4), B(2, −1, 2) を直径の両端とする球の方程式を求めよ。

もっとくわしく 球の切り口

球面上の点 P(x, y, z) に対して，点 P と直径 AB を含む平面で球を切った切り口は，必ず円になります。このとき，P は切り口の円周上の点であることから

AP⊥BP　すなわち　$\overrightarrow{AP}\cdot\overrightarrow{BP}=0$　←∠APB＝90° で，P＝A，B も含む

問題 1 において，これを成分で表すと，内積の計算から

$(x-3,\ y-5,\ z-1)\cdot(x-1,\ y-1,\ z-5)=0$

$(x-3)(x-1)+(y-5)(y-1)+(z-1)(z-5)=0$

$x^2-4x+3+y^2-6y+5+z^2-6z+5=0$

$(x-2)^2+(y-3)^2+(z-3)^2=3^2$

➜答えは別冊18～19ページ

復習テスト 2

1

座標空間において，立方体 OABC－DEFG の頂点を

O(0, 0, 0), A(3, 0, 0), B(3, 3, 0), C(0, 3, 0),

D(0, 0, 3), E(3, 0, 3), F(3, 3, 3), G(0, 3, 3)

とし，OD を 2：1 に内分する点を K，OA を 1：2 に内分する点を L とする。BF 上の点 M，FG 上の点 N および K，L の 4 点は同一平面上にあり，四角形 KLMN は平行四辺形であるとする。

四角形 KLMN の面積を求めよう。

ベクトル $\overrightarrow{LK}$ を成分で表すと，$\overrightarrow{LK}$＝(アイ , ウ , エ) となり，四角形 KLMN が平行四辺形であることにより，$\overrightarrow{LK}$＝ オ である。

ここで，M(3, 3, s)，N(t, 3, 3) と表すと，$\overrightarrow{LK}$＝ オ であるので，s＝ カ ，t＝ キ となり，N は FG を 1： ク に内分することがわかる。

また，$\overrightarrow{LK}$ と $\overrightarrow{LM}$ について

$\overrightarrow{LK}\cdot\overrightarrow{LM}$＝ ケ ，$|\overrightarrow{LK}|=\sqrt{\text{コ}}$，$|\overrightarrow{LM}|=\sqrt{\text{サシ}}$

となるので，四角形 KLMN の面積は $\sqrt{\text{スセ}}$ である。

ただし， オ にあてはまるものは，次の⓪～③のうちから 1 つ選べ。

⓪ $\overrightarrow{ML}$　① $\overrightarrow{LM}$　② $\overrightarrow{NM}$　③ $\overrightarrow{MN}$

（センター試験本試）一部省略

2

四面体OABCにおいて，$|\overrightarrow{OA}|=3$，$|\overrightarrow{OB}|=|\overrightarrow{OC}|=2$，$\angle AOB=\angle BOC=\angle COA=60°$であるとする。また，辺OA上に点Pをとり，辺BC上に点Qをとる。以下，$\overrightarrow{OA}=\vec{a}$，$\overrightarrow{OB}=\vec{b}$，$\overrightarrow{OC}=\vec{c}$とおく。

(1)　$0\leqq s\leqq 1$，$0\leqq t\leqq 1$であるような実数s，tを用いて$\overrightarrow{OP}=s\vec{a}$，$\overrightarrow{OQ}=(1-t)\vec{b}+t\vec{c}$と表す。

$\vec{a}\cdot\vec{b}=\vec{a}\cdot\vec{c}=$ ア ，$\vec{b}\cdot\vec{c}=$ イ であることから

$|\overrightarrow{PQ}|^2=($ ウ $s-$ エ $)^2+($ オ $t-$ カ $)^2+$ キ

となる。

したがって，$|\overrightarrow{PQ}|$が最小となるのは$s=\dfrac{\text{ク}}{\text{ケ}}$，$t=\dfrac{\text{コ}}{\text{サ}}$のときであり，このとき

$|\overrightarrow{PQ}|=\sqrt{\text{シ}}$となる。

(2)　三角形ABCの重心をGとする。$|\overrightarrow{PQ}|=\sqrt{\text{シ}}$のとき，三角形GPQの面積を求めよう。

$\overrightarrow{OA}\cdot\overrightarrow{PQ}=$ ス から，$\angle APQ=$ セソ °である。

したがって，三角形APQの面積は$\sqrt{\text{タ}}$である。

また，$\overrightarrow{OG}=\dfrac{\text{チ}}{\text{ツ}}\overrightarrow{OA}+\dfrac{\text{テ}}{\text{ト}}\overrightarrow{OQ}$であり，点Gは線分AQを ナ :1に内分する点である。

以上のことから，三角形GPQの面積は$\dfrac{\sqrt{\text{ニ}}}{\text{ヌ}}$である。

(センター試験本試)

30 複素数平面

複素数平面①

a, b を実数とする複素数 $a+bi$ に対して，座標平面上の点 (a, b) を対応させた座標平面を**複素数平面**または**複素平面**といいます。$z=a+bi$ において，a を**実部**，b を**虚部**，また，x 軸を**実軸**，y 軸を**虚軸**といいます。

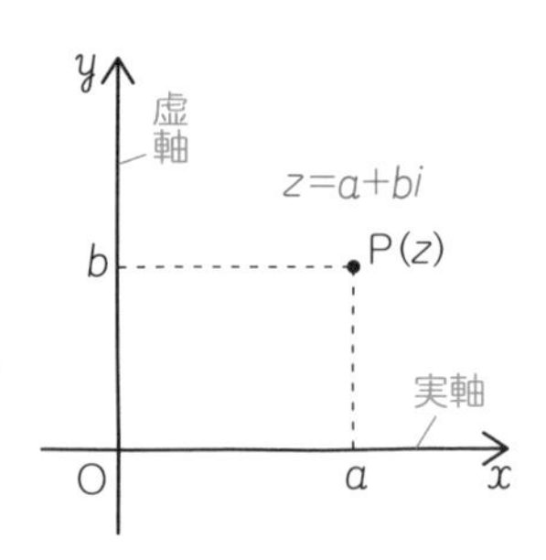

$z=a+bi$ が点 P を表すことを $P(a+bi)$ のように表します。単に，点 z ということもあります。

$P(a+bi)$ において，$b=0$ のとき z は実数なので，点 P は実軸上の点であり，$a=0$，$b \neq 0$ のとき z は虚数ですから，P は虚軸上の点です。$a=0$，$b \neq 0$ であるときの z を**純虚数**といいます。

複素数 $z=a+bi$ に対して，$a-bi$ を $\overline{z}$ で表し，これを**共役複素数**（きょうやくふくそすう）といいます。

【共役複素数】
$z=a+bi \longrightarrow \overline{z}=a-bi$

複素数 z について，次のことが成り立ちます。

［1］ **z が実数 $\iff$ $z=\overline{z}$**

［2］ **z が純虚数 $\iff$ $\overline{z}=-z$** （ただし，$z \neq 0$）

問題 1 **$z=2+2i$ のとき，複素数平面上に点 z をとって，z と x 軸に関して対称な点を P，z と y 軸に関して対称な点を Q，z と原点に関して対称な点を R とするとき，3 点 P，Q，R を表す複素数を求めましょう。**

$z=2+2i$ のとき，

P は x 軸（実軸）に関して対称だから，実数部分は変わらず，虚数部分の符号だけが変化するので

P(ア［　　　］) ← x 軸に関して対称 $(x, y) \longleftrightarrow (x, -y)$

Q は y 軸（虚軸）に関して対称だから，虚数部分は変わらず，実数部分の符号だけが変化するので

Q(イ［　　　］) ← y 軸に関して対称 $(x, y) \longleftrightarrow (-x, y)$

R は原点に関して対称だから，実数部分と虚数部分の符号がともに変化するので

R(ウ［　　　］) ← 原点に関して対称 $(x, y) \longleftrightarrow (-x, -y)$

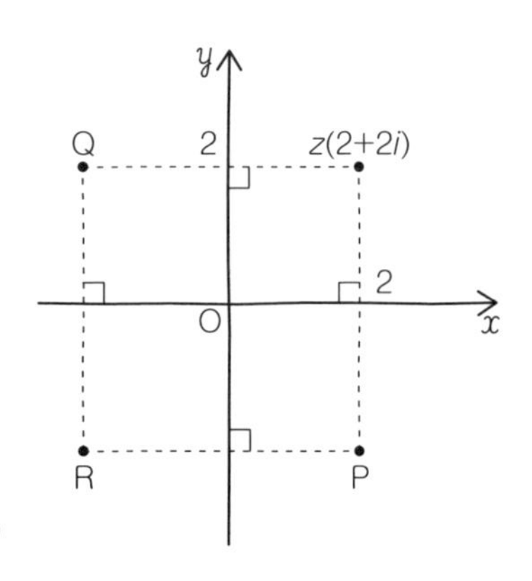

以上のことから，これらを複素数平面上にとると，右の図のようになる。

基本練習

答えは別冊 9 ページ

3章 複素数平面

$z=3-2i$ のとき，複素数平面上に点 z をとって，z と x 軸に関して対称な点を P，z と y 軸に関して対称な点を Q，z と原点に関して対称な点を R とするとき，3 点 P，Q，R を表す複素数を求めよ。

もっとくわしく　z と $\overline{z}$，$-z$，$-\overline{z}$ の対称性

複素数 $z=a+bi$ に対して

$\overline{z}=a-bi$，$-z=-a-bi$，$-\overline{z}=-a+bi$

です。複素数平面上で，z，$\overline{z}$，$-z$，$-\overline{z}$ を表す点を図示すると

- 点 z と点 $\overline{z}$ は実軸に関して対称である
- 点 z と点 $-z$ は原点に関して対称である
- 点 z と点 $-\overline{z}$ は虚軸に関して対称である

ことがわかります。

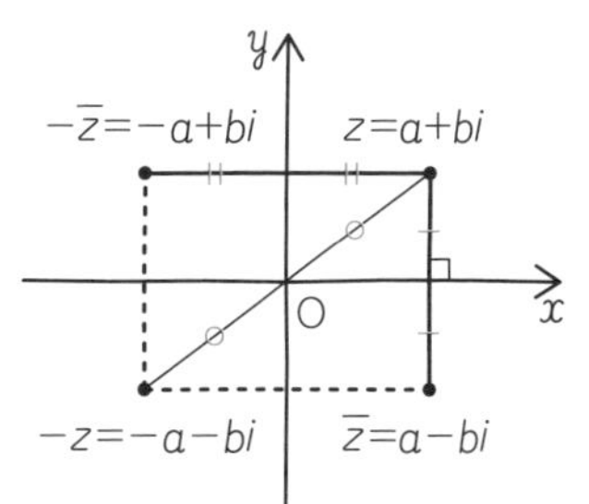

右の図からは，共役複素数が実軸に関して対称な位置にあることがわかります。

ちなみに，$\overline{z}$ の共役複素数は z となりますから，$\overline{\overline{z}}=z$ が成り立ちます。

31 複素数平面② 複素数の和・差，実数倍

2 つの複素数$\alpha=a+bi$，$\beta=c+di$の和と差は，それぞれ次のように表せます。

$$\alpha+\beta=(a+c)+(b+d)i,$$
$$\alpha-\beta=(a-c)+(b-d)i$$

A(α)，B(β)，C($\alpha+\beta$)，D($\alpha-\beta$)として，その関係を図に表すと，和と差はそれぞれ右のようになります。このことから，次のことがわかります。

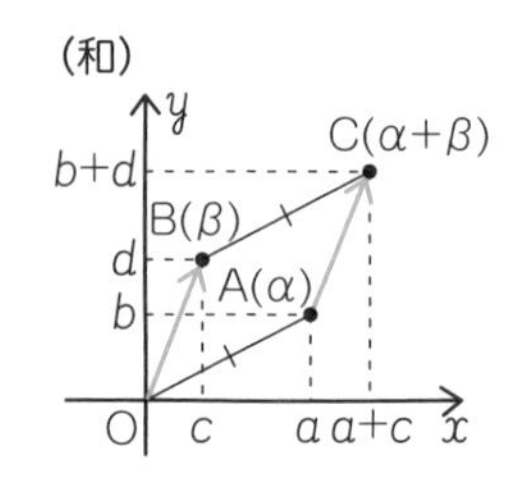

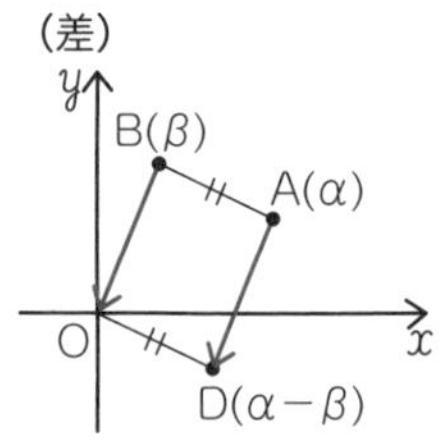

【複素数の和と差の図形的な意味】

点C($\alpha+\beta$)は，原点Oを点B(β)に移す平行移動によって，点A(α)が移る点

点D($\alpha-\beta$)は，点B(β)を原点Oに移す平行移動によって，点A(α)が移る点

複素数αの実数倍については，kを実数，$\alpha=a+bi$とすると

$$k\alpha=k(a+bi)=ka+kbi$$

から，$\alpha \neq 0$ならば，点$k\alpha$は2点0，αを通る直線ℓ上にあります。逆に，この直線ℓ上の点は，αの実数倍の複素数を表します。

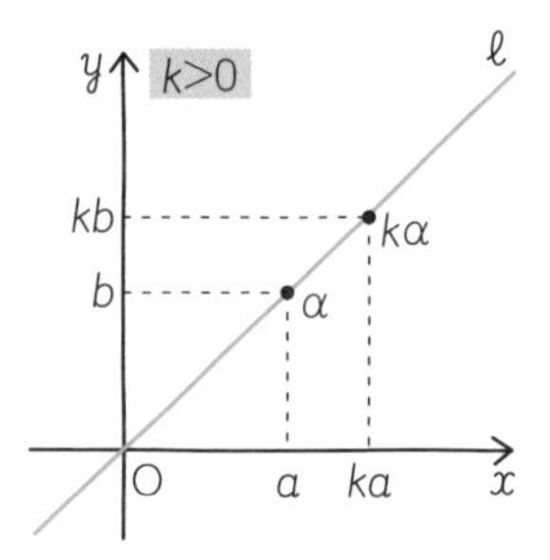

【3点0, α, βが同一直線上にある条件】

$\beta=k\alpha$となる実数kがある

問題1　3点O，A($2-i$)，B($x+i$)が同一直線上にあるとき，実数xの値を求めましょう。

$\alpha=2-i$，$\beta=x+i$とおくと，3点O，α，βが同一直線上にあるとき，kを実数として

$\beta=k$ ㋐☐　← 3点O，α，βが同一直線上にあるとき，$\beta=k\alpha$となるkが存在する

が成り立つから　$x+i=k(2-i)=2k-ki$

すなわち　$x-2k+($㋑☐$)i=0$　← 複素数$a+bi=0$ならば　$a=0$　かつ　$b=0$

したがって　$x=2k$　かつ　$k=$ ㋒☐

よって　$x=$ ㋓☐

基本練習

答えは別冊 9 ページ

3 点 O，$\alpha=2-i$，$\beta=3+xi$ が同一直線上にあるとき，実数 x の値を求めよ。

もっとくわしく　複素数の実数倍の条件

3 点 A(α)，B(β)，C(γ) が同一直線上にある場合はどう考えればよいでしょう。たとえば，A を原点 O に移す点の移動を考え，B や C も同じだけ平行移動をして，それぞれ B′，C′に移ると考えると

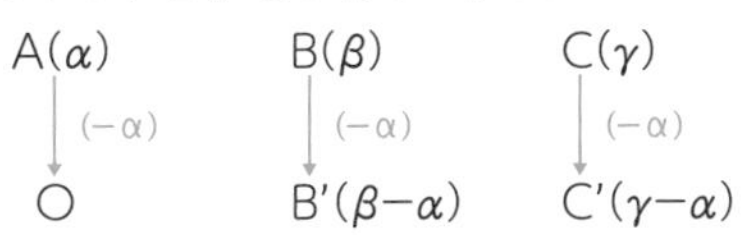

のようになります。A，B，C が同一直線上に並ぶとき，O，B′，C′も同一直線上に並びますから，ここでは $\gamma-\alpha=k(\beta-\alpha)$ が成り立つ k が存在すると考えることになります。

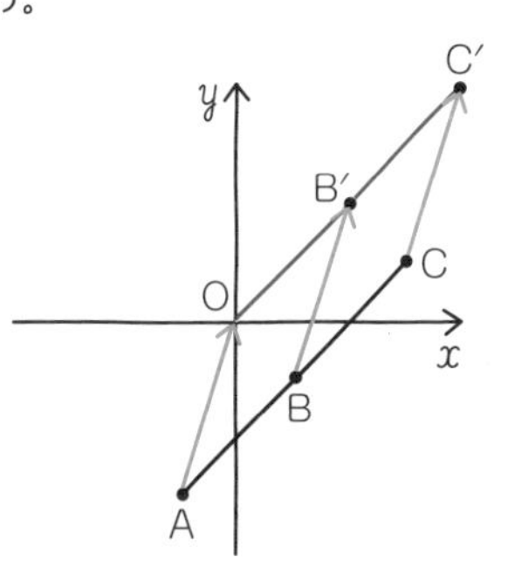

32 複素数平面③ 絶対値と2点間の距離

複素数平面上の2点A(α)，B(β)間の距離は，座標平面上の場合と同じように，線分ABの長さと考えます。原点Oと点P(z)間の距離を複素数zの**絶対値**といい，$|z|$で表します。

$z=a+bi$のとき，$|z|$は原点Oと点$(a,\ b)$間の距離を表すから

$$|a+bi|=\sqrt{a^2+b^2}$$

となります。

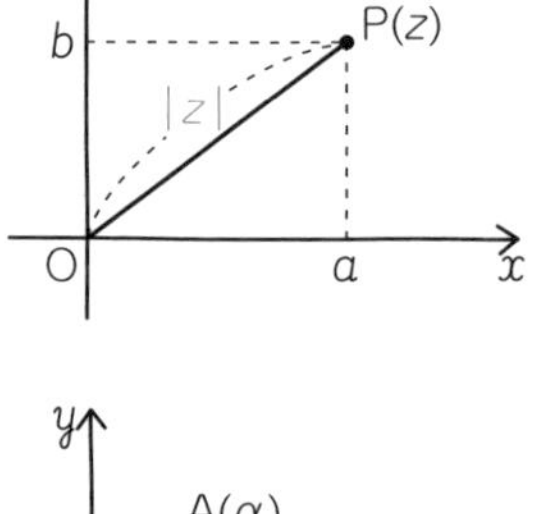

複素数平面上の2点A(α)，B(β)間の距離については，複素数の差C($\beta-\alpha$)を考えるときに，四角形OABCが平行四辺形となり，AB=OCとなることから次のことがわかります。

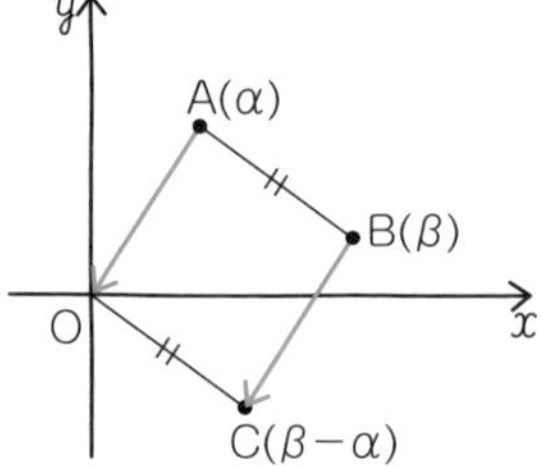

【2点A(α)，B(β)間の距離AB】

$$AB=|\beta-\alpha|$$

問題1　次の2点間の距離を求めましょう。

(1) A($4-2i$)，B($1+2i$)　(2) C($1+i$)，D($3-2i$)

(1) $\alpha=4-2i$，$\beta=1+2i$とおくと

$AB=|\beta-\alpha|=|(1+2i)-(4-2i)|$　←$(a+bi)-(c+di)=(a-c)+(b-d)i$

$=|$ ㋐ $\boxed{}$ $|$

$=\sqrt{㋑\left(\boxed{}\right)^2+4^2}$　←複素数の絶対値 $z=a+bi$のとき，$|a+bi|=\sqrt{a^2+b^2}$

$=\sqrt{25}=5$

(2) $\gamma=1+i$，$\delta=3-2i$とおくと

$CD=|\delta-\gamma|=|3-2i-(1+i)|$

$=|$ ㋒ $\boxed{}$ $|$

$=\sqrt{2^2-(-3)^2}$

$=\sqrt{13}$

基本練習

➡答えは別冊 9 ページ

次の 2 点間の距離を求めよ。

(1)　A$(4+i)$，B$(-2i)$

(2)　C$(3+3i)$，D$(2+i)$

よくある×まちがい　$|\alpha|^2\neq\alpha^2$，$\sqrt{a}\sqrt{b}\neq\sqrt{ab}$？

α が複素数のとき，$\sqrt{|\alpha|^2}=\sqrt{\alpha^2}=\alpha$ とするのは間違いです。虚数を含む計算では，$|\boldsymbol{\alpha}|^2\neq\boldsymbol{\alpha}^2$ となります。

$i=\sqrt{-1}$ のとき，$i^2=\sqrt{-1}\cdot\sqrt{-1}=\sqrt{(-1)(-1)}=\sqrt{(-1)^2}=\sqrt{1}=1$

とするのも間違いです。$a<0$，$b<0$ のとき，$\sqrt{\boldsymbol{a}}\sqrt{\boldsymbol{b}}\neq\sqrt{\boldsymbol{ab}}$ となります。

33 共役複素数の性質

複素数平面④

2つの複素数α，βが$\alpha=a+bi$，$\beta=c+di$のとき，$\overline{\alpha}=a-bi$，$\overline{\beta}=c-di$だから

$$\alpha+\beta=a+bi+c+di=a+c+(b+d)i$$

$$\overline{\alpha}+\overline{\beta}=a-bi+c-di=a+c-(b+d)i$$

したがって，$\overline{\alpha+\beta}=\overline{\alpha}+\overline{\beta}$ が成り立ちます。

同様に，複素数とその共役複素数には，次の関係が成り立ちます。

【共役複素数の性質】

[1] $\overline{\alpha+\beta}=\overline{\alpha}+\overline{\beta}$　[2] $\overline{\alpha-\beta}=\overline{\alpha}-\overline{\beta}$　[3] $\overline{\alpha\beta}=\overline{\alpha}\,\overline{\beta}$　[4] $\overline{\left(\dfrac{\alpha}{\beta}\right)}=\dfrac{\overline{\alpha}}{\overline{\beta}}$

問題1　$\alpha=2+i$，$\beta=1-2i$のとき，次の値を求めましょう。

(1) $\overline{\alpha+\beta}$　(2) $\overline{\alpha\beta}$　(3) $\overline{\left(\dfrac{\beta}{\alpha}\right)}$　(4) $(\overline{\alpha\beta})^2-|\overline{\alpha\beta}|^2$

$\alpha=2+i$，$\beta=1-2i$のとき，$\overline{\alpha}=2-i$，$\overline{\beta}=1+2i$

(1) $\overline{\alpha+\beta}=\overline{\alpha}+\overline{\beta}=2-i+1+2i=$ ア［　　］　←$\alpha+\beta=3-i$から求めてもよい

(2) $\overline{\alpha\beta}=\overline{\alpha}\cdot\overline{\beta}=(2-i)(1+2i)$

$=2+4i-i-2i^2$　←i^2が現れたら，-1に置き換える

$=2-(-2)+(4-1)i=$ イ［　　］

(3) $\overline{\left(\dfrac{\beta}{\alpha}\right)}=\dfrac{\overline{\beta}}{\overline{\alpha}}=\dfrac{1+2i}{2-i}=\dfrac{(1+2i)(2+i)}{(2-i)(2+i)}$　←$\dfrac{c+di}{a+bi}=\dfrac{(c+di)(a-bi)}{(a+bi)(a-bi)}$

$=\dfrac{2+i+4i+2i^2}{2^2-i^2}=\dfrac{2+2\cdot(-1)+5i}{4-(-1)}=$ ウ［　　］　←$\dfrac{\beta}{\alpha}$の計算結果から求めてもよい

(4) $(\overline{\alpha\beta})^2-|\overline{\alpha\beta}|^2=(4+3i)^2-|4+3i|^2$　←(2)の結果を使う

$=(16+24i+9i^2)-|\sqrt{4^2+3^2}|^2$

$=7+$ エ［　　］$i-25$

$=-18+$ オ［　　］i　←この結果から，$(\overline{\alpha\beta})^2\neq|\overline{\alpha\beta}|^2$とわかる

基本練習

答えは別冊 10 ページ

$\alpha=2+3i$，$\beta=-3+2i$ のとき，次の値を求めよ。

(1) $\overline{\alpha+\beta}$

(2) $\overline{\alpha\beta}$

(3) $\dfrac{\overline{\beta}}{\overline{\alpha}}$

(4) $(\overline{\alpha\beta})^2-|\overline{\alpha}|^2|\overline{\beta}|^2$

もっとくわしく　$z+\overline{z}$ は実数，$z\overline{z}=|z|^2$

$z+\overline{z}$ は実数，$z\overline{z}=|z|^2$ となることは，複素数の証明問題でよく使われます。

$|z|=1$ のとき，$z+\dfrac{1}{z}$ が実数となることを示してみましょう。

$|z|^2=z\overline{z}$ より　　$|z|^2=z\overline{z}=1$　← ここで条件 $z\overline{z}=1$ を使う！

一方　　$z+\dfrac{1}{z}=z+\dfrac{1}{z}\cdot\dfrac{\overline{z}}{\overline{z}}=z+\dfrac{\overline{z}}{z\overline{z}}=z+\dfrac{\overline{z}}{1}=z+\overline{z}$

$z+\overline{z}$ は実数だから，$z+\dfrac{1}{z}$ は実数である。

34 極形式

0でない複素数 $z=a+bi$ を複素数平面に表した点をP，線分OPの長さを $r\ (r>0)$，実軸となす角を θ とすると

$$r=\sqrt{a^2+b^2},\quad a=r\cos\theta,\quad b=r\sin\theta$$

となることから，$z=a+bi$ は

$$z=r(\cos\theta+i\sin\theta)$$

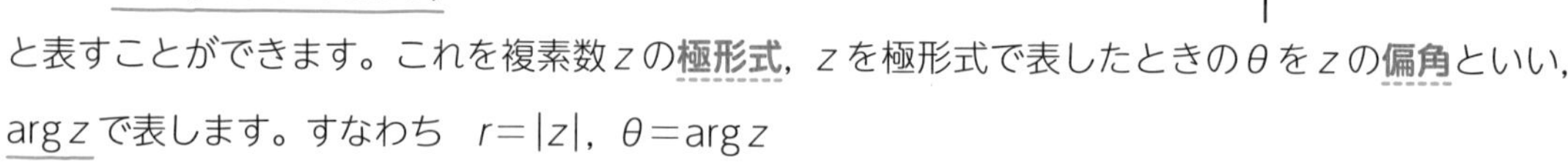

と表すことができます。これを複素数 z の**極形式**，z を極形式で表したときの θ を z の**偏角**といい，$\arg z$ で表します。すなわち　$r=|z|$，$\theta=\arg z$

偏角 θ は，その範囲を $0\leqq\theta<2\pi$ や $-\pi\leqq\theta<\pi$ とすれば，ただ1通りに定まり，一般角としては，z の偏角の1つを θ_0 とすると，$\arg z=\theta_0+2n\pi$　（n は整数）となります。

問題❶　偏角 θ の範囲を $0\leqq\theta<2\pi$ として，次の複素数をそれぞれ極形式で表しましょう。

(1)　$2+2i$　　(2)　$-\sqrt{3}+3i$

(1)　$2+2i$ の絶対値を r とすると

$$r=\sqrt{2^2+2^2}=2\sqrt{2}$$

$a+bi=r(\cos\theta+i\sin\theta)$ から　$\cos\theta=\frac{a}{r}$，$\sin\theta=\frac{b}{r}$

$$\cos\theta=\frac{2}{2\sqrt{2}}=\frac{1}{\sqrt{2}},\quad \sin\theta=\frac{2}{2\sqrt{2}}=\frac{1}{\sqrt{2}}$$

$0\leqq\theta<2\pi$ のとき，右の図から　$\theta=$ ㋐□

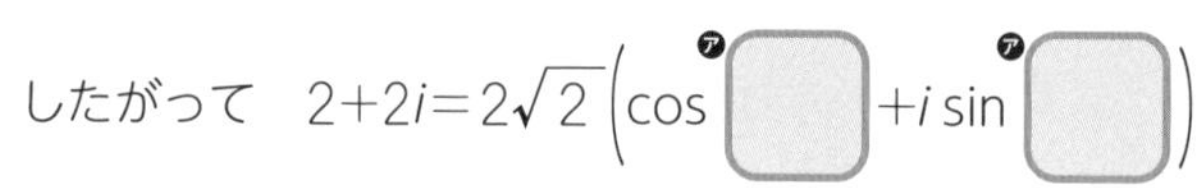

したがって　$2+2i=2\sqrt{2}\left(\cos ㋐□+i\sin ㋐□\right)$

(2)　$-\sqrt{3}+3i$ の絶対値を r とすると　←$a+bi$ で $r=\sqrt{a^2+b^2}$

$$r=\sqrt{(-\sqrt{3})^2+3^2}=\sqrt{12}=2\sqrt{3}$$

$$\cos\theta=\frac{-\sqrt{3}}{2\sqrt{3}}=-\frac{1}{2},\quad \sin\theta=\frac{3}{2\sqrt{3}}=\frac{\sqrt{3}}{2}$$

$0\leqq\theta<2\pi$ のとき，右の図から　$\theta=$ ㋑□ π

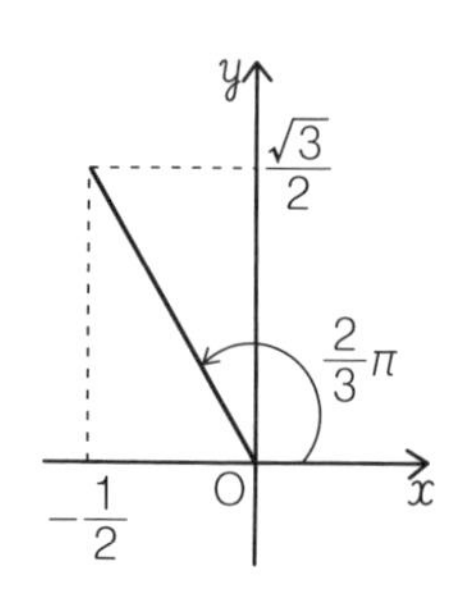

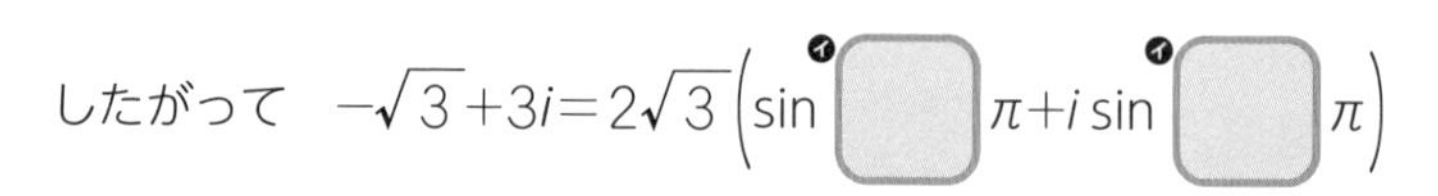

したがって　$-\sqrt{3}+3i=2\sqrt{3}\left(\sin ㋑□\pi+i\sin ㋑□\pi\right)$

ポイント　一般に，$a+bi=\sqrt{a^2+b^2}(\cos\theta+i\sin\theta)$，$\theta=\arg z$ で表されます。

基本練習

答えは別冊 10 ページ

3章 複素数平面

偏角 θ の範囲を $0 \leqq x < 2\pi$ として，次の複素数をそれぞれ極形式で表せ。

(1)　$-2+2i$

(2)　$-\sqrt{3}-i$

もっとくわしく　共役複素数の極形式

複素数 $z=a+bi$ に対して，その共役複素数 $\overline{z}$ は

$$\overline{z}=a-bi$$

だから，z と $\overline{z}$ の位置関係は実軸に対して対称です。

このことから，z の偏角を θ とすれば，$\overline{z}$ の偏角の１つは $-\theta$ といえます。

z と $\overline{z}$ の絶対値は等しいので，$z=r(\sin\theta+i\cos\theta)$ に対して，その共役複素数 $\overline{z}$ の極形式は

$$\overline{z}=r(\cos(-\theta)+i\sin(-\theta))=r(\cos\theta-i\sin\theta)$$

であることがわかります。

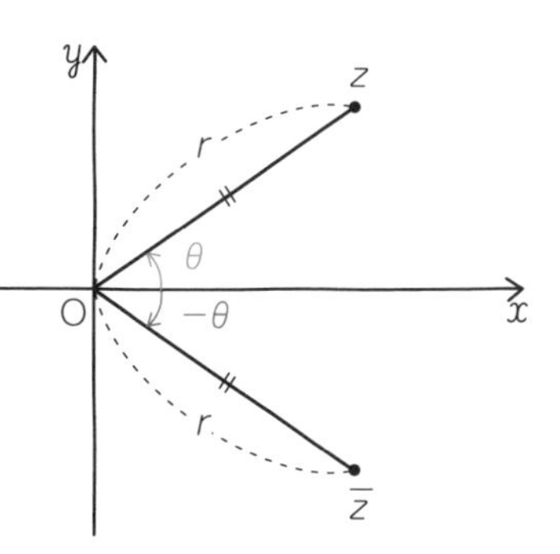

35 複素数の極形式② 極形式の積と商，偏角

極形式の積と商と偏角の関係を，三角関数の加法定理を用いて，調べてみましょう。

$\cos(\theta_1 \pm \theta_2) = \cos\theta_1\cos\theta_2 \mp \sin\theta_1\sin\theta_2$
$\sin(\theta_1 \pm \theta_2) = \sin\theta_1\cos\theta_2 \pm \cos\theta_1\sin\theta_2$ （複号同順）

2 つの複素数 $\alpha = r_1(\cos\theta_1 + i\sin\theta_1)$，$\beta = r_2(\cos\theta_2 + i\sin\theta_2)$ について

$$\alpha\beta = r_1(\cos\theta_1 + i\sin\theta_1)\cdot r_2(\cos\theta_2 + i\sin\theta_2)$$
$$= r_1r_2\{(\cos\theta_1\cos\theta_2 - \sin\theta_1\sin\theta_2) + i(\sin\theta_1\cos\theta_2 + \cos\theta_1\sin\theta_2)\}$$
$$= r_1r_2\{\cos(\theta_1+\theta_2) + i\sin(\theta_1+\theta_2)\}$$

← $i^2\sin\theta_1\sin\theta_2 = -\sin\theta_1\sin\theta_2$

$$\frac{\alpha}{\beta} = \frac{r_1(\cos\theta_1 + i\sin\theta_1)}{r_2(\cos\theta_2 + i\sin\theta_2)} = \frac{r_1}{r_2}\cdot\frac{(\cos\theta_1 + i\sin\theta_1)(\cos\theta_2 - i\sin\theta_2)}{(\cos\theta_2 + i\sin\theta_2)(\cos\theta_2 - i\sin\theta_2)}$$
$$= \frac{r_1}{r_2}\cdot\frac{(\cos\theta_1\cos\theta_2 + \sin\theta_1\sin\theta_2) + i(\sin\theta_1\cos\theta_2 - \cos\theta_1\sin\theta_2)}{\cos^2\theta_2 + \sin^2\theta_2}$$

← $-i^2\sin^2\theta_2 = +\sin^2\theta_2$

$$= \frac{r_1}{r_2}\{\cos(\theta_1 - \theta_2) + i\sin(\theta_1 - \theta_2)\}$$

以上のことから，2 つの複素数の積と商について，次のことが成り立ちます。

$$\arg(\alpha\beta) = \arg\alpha + \arg\beta,\quad \arg\frac{\alpha}{\beta} = \arg\alpha - \arg\beta$$

問題 1　$\alpha = 2\left(\cos\frac{\pi}{4} + i\sin\frac{\pi}{4}\right)$，$\beta = \cos\frac{\pi}{3} + i\sin\frac{\pi}{3}$ のとき，$\alpha\beta$，$\frac{\alpha}{\beta}$ をそれぞれ極形式で表しましょう。ただし，偏角 θ の範囲は $0 \leqq \theta < 2\pi$ とします。

$\arg\alpha = \frac{\pi}{4}$，$\arg\beta = \frac{\pi}{3}$ であることから　$\arg\alpha\beta = \arg\alpha + \arg\beta = \frac{\pi}{4} + \frac{\pi}{3} = \frac{7}{12}\pi$

一方　$\arg\frac{\alpha}{\beta} = \arg\alpha - \arg\beta = \frac{\pi}{4} - \frac{\pi}{3} = -\frac{\pi}{12}$

複素数 $\frac{\alpha}{\beta}$ の偏角の範囲を $0 \leqq \theta < 2\pi$ とするから

$$\arg\frac{\alpha}{\beta} = -\frac{\pi}{12} + \boxed{ア} = \frac{23}{12}\pi$$

したがって　$\alpha\beta = 2\left(\cos\boxed{イ}\pi + i\sin\boxed{イ}\pi\right)$

$\frac{\alpha}{\beta} = 2\cdot\left(\cos\boxed{ウ}\pi + i\sin\boxed{ウ}\pi\right)$

基本練習

答えは別冊 10 ページ

複素数平面

$\alpha=\cos\dfrac{\pi}{6}+i\sin\dfrac{\pi}{6}$，$\beta=\cos\dfrac{\pi}{4}+i\sin\dfrac{\pi}{4}$ のとき，$\alpha\beta$，$\dfrac{\alpha}{\beta}$ をそれぞれ極形式で表せ。ただし，偏角 θ の範囲は $0\leqq\theta<2\pi$ とする。

もっとくわしく 積と商を平面上に表すと

2 つの複素数の積と商と偏角の関係について

$$\arg(\alpha\beta)=\arg\alpha+\arg\beta,\quad \arg\frac{\alpha}{\beta}=\arg\alpha-\arg\beta$$

積は偏角の和　　　商は偏角の差

であることを確認しました。絶対値については

$$|\alpha\beta|=|\alpha||\beta| \qquad \left|\frac{\alpha}{\beta}\right|=\frac{|\alpha|}{|\beta|}$$

積は絶対値の積　　　商は絶対値の商

となります。

したがって，$\alpha=r_1(\cos\theta_1+i\sin\theta_1)$，$\beta=r_2(\cos\theta_2+i\sin\theta_2)$ の 2 つの複素数の積と商を複素数平面に図示すると

積：$\alpha\beta$ は，複素数 α を $+\theta_2$ だけ回転させて，$|\beta|$ 倍だけ延長した点

商：$\dfrac{\alpha}{\beta}$ は，複素数 α を $-\theta_2$ だけ回転させて，$\dfrac{1}{|\beta|}$ 倍だけ延長した点

と考えることができます。

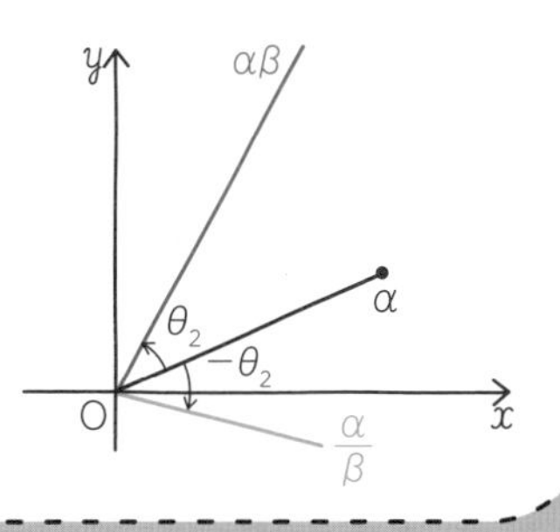

36 複素数の極形式③ 複素数平面上の回転移動

35 もっと💡くわしく で，複素数の積や商の計算が，図形的には点の回転移動と拡大・縮小を表すことに触れました。ここでは，回転に焦点を当てて，少し掘り下げて考えていきましょう。

絶対値が１である複素数 $\alpha=\cos\theta+i\sin\theta$ と複素数 z との積 αz について，その絶対値と積は次のようになります。

$$|\alpha z|=|\alpha||z|=|z| \qquad \arg\alpha z=\arg\alpha+\arg z=\arg z+\theta$$

これは，見方を変えれば，次のように言い換えることができます。

複素数 z に $\cos\theta+i\sin\theta$ を掛ける ⟶ 複素数 z を原点を中心に θ だけ回転させる

まとめると

【原点を中心とする回転】
$\alpha=\cos\theta+i\sin\theta$ と z に対して，点 αz は，点 z を原点を中心として θ だけ回転した点である

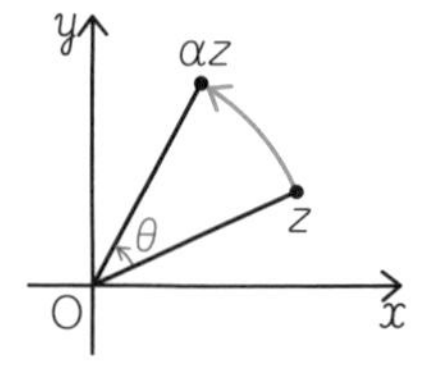

問題 1 $z=1+i$ とするとき，点 z を原点を中心として，次のように回転して得られる点を表す複素数を求めましょう。

(1) $\dfrac{\pi}{2}$　(2) π　(3) $\dfrac{\pi}{3}$

$\alpha=\cos\theta+i\sin\theta$ として，それぞれの角度のときの αz を計算します。

(1) $\alpha z=\left(\cos\dfrac{\pi}{2}+i\sin\dfrac{\pi}{2}\right)(1+i)$

$=i\cdot(1+i)=$ ㋐［　　］ ← $(\cos\theta+i\sin\theta)z$ は，点 z を原点を中心に θ だけ回転した点

(2) $\alpha z=(\cos\pi+i\sin\pi)(1+i)$

$=-1\cdot(1+i)=$ ㋑［　　］

(3) $\alpha z=\left(\cos\dfrac{\pi}{3}+i\sin\dfrac{\pi}{3}\right)(1+i)=\left(\dfrac{1}{2}+\dfrac{\sqrt{3}i}{2}\right)\cdot(1+i)$

$=\dfrac{1}{2}+\dfrac{i}{2}+\dfrac{\sqrt{3}i}{2}+\dfrac{\sqrt{3}i^2}{2}$ ← $a+bi$ の形に整理する

$=$ ㋒［　　］$+$ ㋓［　　］i

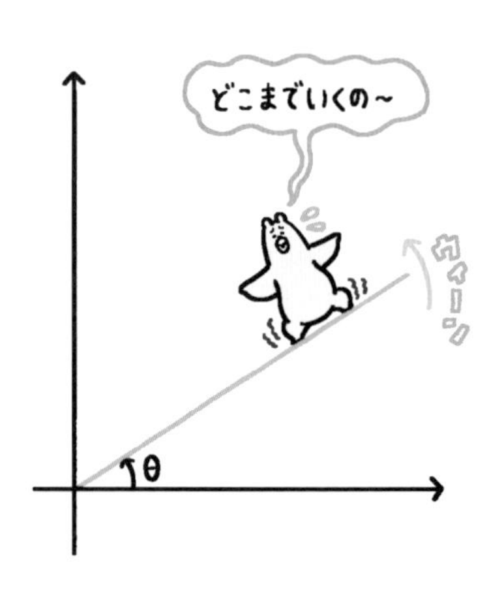

基本練習

答えは別冊 10 ページ

複素数平面上に，O(0)，A(1+i)，P(z) をとって，△OAP が正三角形となるように z を定めるとき，z を求めよ。

複素数平面上の正三角形の 1 つの角は 60° で，辺の長さはすべて等しいことから，各頂点を回転の中心として，それぞれ $\pm\dfrac{\pi}{3}$ だけ回転したものと考えることができます。

もっとくわしく　回転の中心が原点でなかったら

複素数 z を原点を中心に θ だけ回転した点を表す複素数は $(\cos\theta+i\sin\theta)z$ でしたが，回転の中心が原点以外である場合はどうしたらよいでしょう。つまり，点 Q(q) を中心として複素数 z を θ だけ回転した点を表す複素数を求めるという問題です。

これは，$\alpha=\cos\theta+i\sin\theta$ として，αz という回転移動と平行移動を組合せて，次のように考えます。

回転の中心 Q(q) を原点へ平行移動して z を z' に移し，z' を θ 回転させたあと ($\alpha z'$)，$\alpha z'$ を原点を Q(q) へ平行移動して移す

$$z \xrightarrow{\text{平行移動}} z-q \xrightarrow{\text{回転移動}} \alpha(z-q) \xrightarrow{\text{平行移動}} \alpha(z-q)+q \quad \text{ただし，}\alpha=\cos\theta+i\sin\theta$$

（$+q$：回転の中心を元の位置にもどす）

となります。

37 ド・モアブルの定理

ド・モアブルの定理①

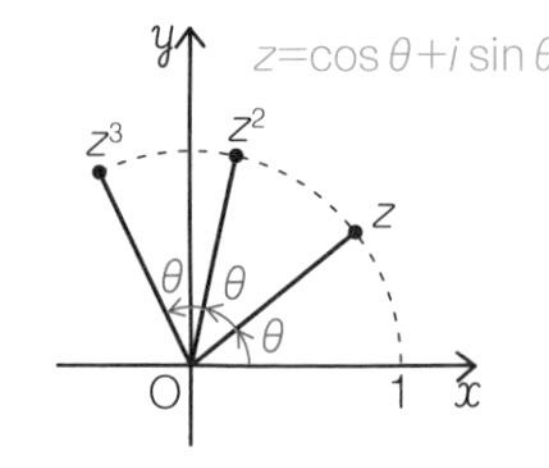

36 で学んだことから，絶対値が 1 の複素数 $z=\cos\theta+i\sin\theta$ に，さらに $\cos\theta+i\sin\theta$ を掛けると，偏角 θ の複素数 z を $+\theta$ だけ回転させたことがわかります。よって，$z=\cos\theta+i\sin\theta$ のとき

$$z^2=(\cos\theta+i\sin\theta)(\cos\theta+i\sin\theta)$$
$$=\cos(\theta+\theta)+i\sin(\theta+\theta)=\cos\underline{2\theta}+i\sin\underline{2\theta}$$
$$z^3=(\cos 2\theta+i\sin 2\theta)(\cos\theta+i\sin\theta)=\cos(2\theta+\theta)+i\sin(2\theta+\theta)$$
$$=\cos\underline{3\theta}+i\sin\underline{3\theta}$$

このことから，一般に，自然数 n について，次の等式が成り立ちます。

$$(\cos\theta+i\sin\theta)^n=\cos n\theta+i\sin n\theta$$

これは，n が 0 や負の整数である場合にも成り立つので，一般の整数 n について，**ド・モアブルの定理**と呼ばれる次の定理が成り立ちます。

【ド・モアブルの定理】
n が整数のとき　　$(\cos\theta+i\sin\theta)^n=\cos n\theta+i\sin n\theta$

問題 1　**ド・モアブルの定理を使って，$(1+i)^8$ を求めましょう。**

$1+i$ の絶対値は　$|1+i|=\sqrt{1^2+1^2}=\sqrt{2}$

$\cos\theta=\dfrac{1}{\sqrt{2}}$，$\sin\theta=\dfrac{1}{\sqrt{2}}$　を満たす θ は $\dfrac{\pi}{4}$ だから，

$1+i$ を極形式で表すと　$1+i=\sqrt{[ア]}\,(\cos[イ]+i\sin[ウ])$

したがって　$(1+i)^8=\left\{\sqrt{2}\left(\cos\dfrac{\pi}{4}+i\sin\dfrac{\pi}{4}\right)\right\}^8$　← $a+bi$ を極形式で表す

$=(\sqrt{2})^8\cdot\left(\cos\dfrac{\pi}{4}+i\sin\dfrac{\pi}{4}\right)^8$　← $\{r(\cos\theta+i\sin\theta)\}^n=r^n(\cos\theta+i\sin\theta)^n$

$=[ウ]\left\{\cos\left(8\cdot\dfrac{\pi}{4}\right)+i\sin\left(8\cdot\dfrac{\pi}{4}\right)\right\}$　← $(\cos\theta+i\sin\theta)^n=\cos n\theta+i\sin n\theta$

$=16(\cos 2\pi+i\sin 2\pi)$　← $\cos 2\pi=1$，$\sin 2\pi=0$

$=[エ]$

$z=r(\cos\theta+i\sin\theta)$ のとき，$z^n=r^n(\cos n\theta+i\sin n\theta)$ となります。

基本練習

答えは別冊 11 ページ

$(1-\sqrt{3}i)^8$ を求めよ。

複素数平面

理由がわかる　ド・モアブルの定理がすべての整数で成り立つ理由

ド・モアブルの定理は，$z^{-n}=\dfrac{1}{z^n}$，$z^0=1$ と定めることで，n を自然数から整数の範囲へと一般化することができます。これは，n を自然数として次のように示されます。

$$
\begin{aligned}
(\cos\theta+i\sin\theta)^{-n}&=\frac{1}{(\cos\theta+i\sin\theta)^n}=\frac{1}{\cos n\theta+i\sin n\theta}\\
&=\frac{\cos n\theta-i\sin n\theta}{(\cos n\theta+i\sin n\theta)(\cos n\theta-i\sin n\theta)}=\frac{\cos n\theta-i\sin n\theta}{\cos^2 n\theta+\sin^2 n\theta}\\
&=\cos n\theta-i\sin n\theta \quad \leftarrow \cos n\theta=\cos(-n\theta),\ -\sin n\theta=\sin(-n\theta)\\
&=\cos(-n)\theta+i\sin(-n)\theta
\end{aligned}
$$

38 ド・モアブルの定理②
複素数の n 乗根

複素数 α と 2 以上の整数 n に対して，方程式 $z^n=\alpha$ の解 z を，α の **n 乗根**といいます。0 でない複素数の n 乗根は n 個あることが知られています。

例　ド・モアブルの定理を用いて，1 の 3 乗根を求めてみましょう。

$z^3=1$ のとき，$|z^3|=1$ から　$|z|^3=1$

$|z|>0$ から　$|z|=1$

したがって，$z=\cos\theta+i\sin\theta$ とおくことができて，ド・モアブルの定理から，$z^3=1$ は

$\cos 3\theta+i\sin 3\theta=1$

に書き直すことができます。このとき，$\cos 3\theta=1$，$\sin 3\theta=0$ であることから，3θ を z の偏角とみれば，3θ の 1 つの値として $3\theta=0$ をとることができるので，一般には

$$3\theta=0+2k\pi \quad (k \text{ は整数}) \qquad \text{すなわち} \qquad \theta=\frac{2k\pi}{3}$$

したがって，$0\leqq\theta<2\pi$ の範囲では，$k=0$，1，2 であり，これらに対応する z の値は

$$z=\cos 0+i\sin 0,\ \cos\frac{2\pi}{3}+i\sin\frac{2\pi}{3},\ \cos\frac{4\pi}{3}+i\sin\frac{4\pi}{3}$$ ←解の表し方は他にもあります

※　z を極形式を用いないで表すならば　$z=1,\ -\dfrac{1}{2}+\dfrac{\sqrt{3}}{2}i,\ -\dfrac{1}{2}-\dfrac{\sqrt{3}}{2}i$

問題 1　1 の 8 乗根を極形式で求めましょう。

$z^8=1$ のとき，$|z^8|=1$ から　$|z|^8=1$

$|z|>0$ から　$|z|=1$

したがって，$z=\cos\theta+i\sin\theta$ とおくことができて，ド・モアブルの定理から，$z^8=1$ は

$\cos$ ［ア］$\theta+i\sin$ ［ア］$\theta=1$

に書き直すことができる。このとき，$\cos 8\theta=1$，$\sin 8\theta=0$ であることから，8θ の 1 つの値として $8\theta=0$ をとることができるので，一般には

$8\theta=0+$ ［イ］$k\pi$　(k は整数)　　すなわち　$\theta=\dfrac{k\pi}{4}$

よって，$0\leqq\theta<2\pi$ の範囲では，$k=0$，1，2，……，7 であり，これらに対応する z の値は

$z=\cos$ ［ウ］$\pi+i\sin$ ［ウ］π　($k=0$，1，2，……，7)　←一般解の表し方

基本練習

答えは別冊 11 ページ

方程式 $z^2=4i$ について，次の問いに答えよ。

(1) $4i$ を極形式で表せ。

(2) $z^2=4i$ をド・モアブルの定理を用いて解け。

もっとくわしく 1の n 乗根と単位円

$z^3=1$，$z^8=1$ の解き方からわかるように，$z^n=1$ の解，すなわち，1 の n 乗根は次の式から得られる n 個の複素数です。

$$z=\cos\frac{2k\pi}{n}+i\sin\frac{2k\pi}{n}\quad (k=0,\ 1,\ 2,\ \cdots\cdots,\ n-1)$$

このときの z の偏角は

$$0,\ \frac{2\pi}{n},\ \frac{4\pi}{n},\ \frac{6\pi}{n},\ \cdots\cdots,\ \frac{2(n-1)\pi}{n}$$

だから，1 の n 乗根を表す点は，複素数平面上の単位円を n 等分する n 個の分点であり，とくに，その 1 つとして 1 があることがわかります。

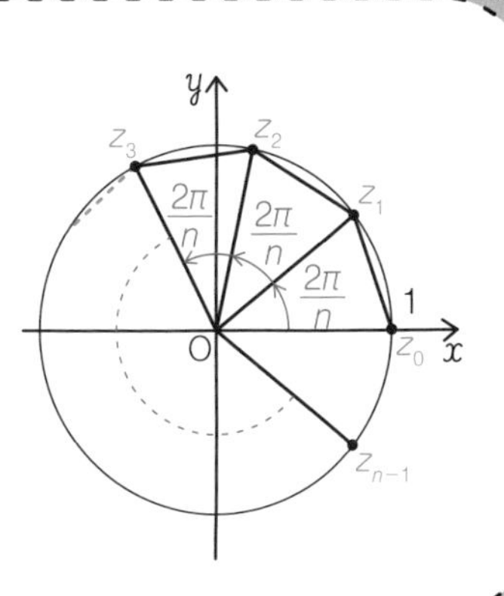

複素数と図形①

39 内分点・外分点

$\alpha=x_1+y_1i$, $\beta=x_2+y_2i$として，2点A(α)，B(β)を結ぶ線分ABを$m:n$に内分する点をC(γ)とすると，複素数γは，右の図から

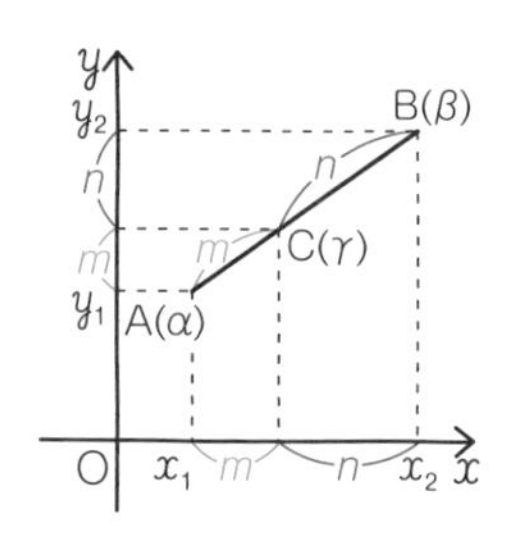

$$\gamma=\frac{nx_1+mx_2}{m+n}+\frac{ny_1+my_2}{m+n}i=\frac{n(x_1+y_1i)+m(x_2+y_2i)}{m+n}$$

$$=\frac{n\alpha+m\beta}{m+n}$$

となることがわかります。外分する場合も同様に考えることで，次のことが成り立ちます。

【複素数平面上の内分点・外分点】

2点A(α)，B(β)を結ぶ線分ABを$m:n$に内分する点C(γ)と外分する点D(δ)は

内分点 $\gamma=\dfrac{n\alpha+m\beta}{m+n}$　**外分点** $\delta=\dfrac{-n\alpha+m\beta}{m-n}$　**中点** $\dfrac{\alpha+\beta}{2}$

問題1　A($-2+4i$)，B($8-i$)とするとき，次の点を表す複素数を求めましょう。

(1) 線分ABを2：3に内分する点C

(2) 線分ABを1：2に外分する点D

(3) 線分ABの中点M

(1) 内分点の公式から，線分ABを2：3に内分する点Cを表す複素数をγとすると

$$\gamma=\frac{3(-2+4i)+2(8-i)}{2+3}$$

$$=\frac{-6+12i+16-2i}{5}=\text{㋐}\boxed{}$$

(2) 外分点の公式から，線分ABを1：2に外分する点Dを表す複素数をδとすると

$$\delta=\frac{-2(-2+4i)+1\cdot(8-i)}{1-2}=\frac{4-8i+8-i}{-1}$$

$$=\text{㋑}\boxed{}$$

(3) 中点の公式から，線分ABの中点Mを表す複素数をκとすると

$$\kappa=\frac{-2+4i+8-i}{2}=3+\text{㋒}\boxed{}\,i$$

基本練習

答えは別冊 11 ページ

3 点 A(α)，B(β)，C(γ) を頂点とする△ABC の重心を G(δ) とするとき，δ を α，β，γ を用いて表せ。

三角形の 3 本の中線（頂点と対辺の中点を結んだ線）は 1 点で交わります。この点を三角形の重心といいます。重心は，中線を 2：1 の比に内分します。

もっとくわしく　アポロニウスの円

一般に，2 定点 A，B からの距離の比が $m:n$ である点の軌跡は，$m \neq n$ のとき，線分 AB を $m:n$ に内分する点と $m:n$ に外分する点を直径の両端とする円となります。このような円を**アポロニウスの円**といいます。

たとえば，点 A(-2)，B(3)，点 P(z) に対して，P(z) が $2|z+2|=3|z-3|$ を満たす点であれば，$|z+2|=\mathrm{AP}$，$|z-3|=\mathrm{BP}$ ですから，常に AP：BP＝3：2 が成り立ちます。

このとき，線分 AB を 3：2 に内分する点を表す複素数は

$$\frac{2\cdot(-2)+3\cdot3}{3+2}=\frac{5}{5}=1$$

線分 AB を 3：2 に外分する点を表す複素数は

$$\frac{-2\cdot(-2)+3\cdot3}{3-2}=13$$

したがって，点 P の軌跡は，1 と 13 を直径の両端とする半径 6 の円であることがわかります。

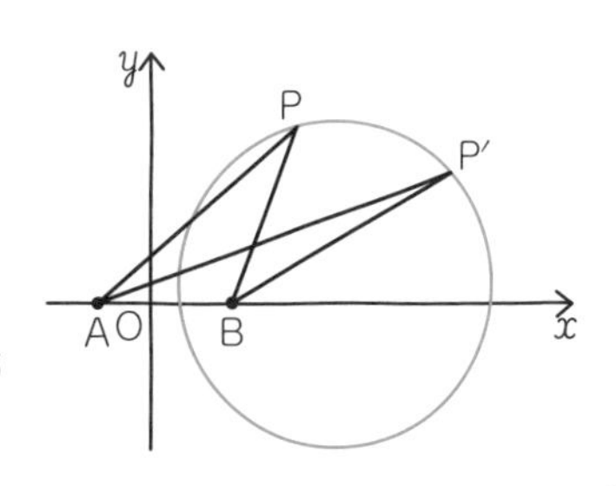

40 複素数と図形②
z の方程式の表す図形

点 A(α) を中心とする半径 r の円周上の点を P(z) とします。このとき，AP$=r$ ですから，方程式　$|z-\alpha|=r$ を満たす点 z のすべての集まりは，点 A を中心とする半径 r の円となります。

とくに，原点を中心とする半径 r の円は，方程式 $|z|=r$ で表されます。

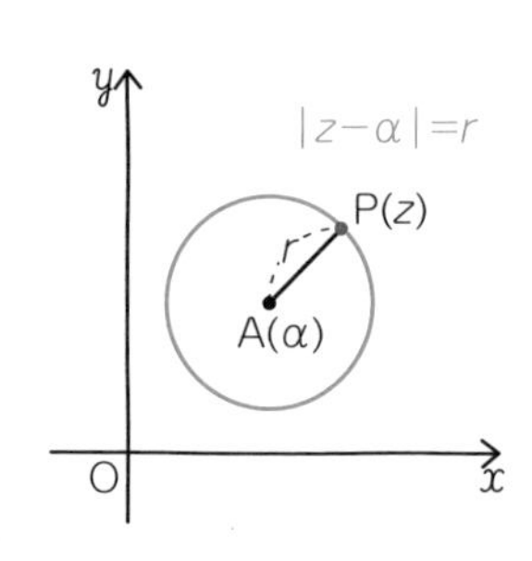

【複素数平面における円の方程式】
点αを中心とする半径 r の円を表す方程式は

$$|z-\alpha|=r$$

問題 1　**次の方程式を満たす点 z 全体は，どのような図形を表すか求めましょう。**

(1)　$|z-1+i|=1$　　(2)　$|z-3i|=2|z|$

(1)　$|z-1+i|=1$ を満たす z は，点 $1-i$ からの距離が 1 であることを表しているから
点 z 全体は，$1-i$ を中心とする半径 1 の円　← $z-1+i=z-(1-i)$
である。

(2)　$|z-3i|=2|z|$ の両辺を 2 乗すると　← 絶対値の 2 乗であることに注意する

$|z-3i|^2=4|z|^2$

したがって　$(z-3i)\overline{(z-3i)}=4z\overline{z}$　← $|z|^2=z\overline{z}$

$(z-3i)(\overline{z}+$ ア $\square$ $i)=4z\overline{z}$

$z\overline{z}+3iz-3i\overline{z}-9i^2=4z\overline{z}$

$z\overline{z}-iz+i\overline{z}=$ イ $\square$　← $(z-\alpha)\overline{(z-\alpha)}=r^2$ を目指して式変形

$(z+i)(\overline{z}-i)=$ ウ $\square$ $-i^2$　← $\overline{z-\alpha}=\overline{z}-\overline{\alpha}$ だが，i は純虚数だから $-\overline{i}=i$

$(z+i)\overline{(z+i)}=4$

$|z+i|^2=2^2$

すなわち　$|z+i|=2$

したがって，点 z 全体は，エ $\square$ を中心とする半径 オ $\square$ の円である。

基本練習

答えは別冊 11 ページ

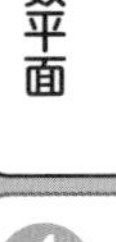

次の方程式を満たす点 z 全体が，どのような図形を表すか求めよ。

(1)　$|z-1+i|=4$

(2)　$2|z-3|=|z+6|$

もっとくわしく　垂直二等分線

2 点 A(α)，B(β) を結ぶ線分 AB の垂直二等分線上の点を P(z) とします。
このとき，AP＝BP だから，方程式

$$|z-\alpha|=|z-\beta|$$

を満たす点 z 全体は，線分 AB の垂直二等分線となります。

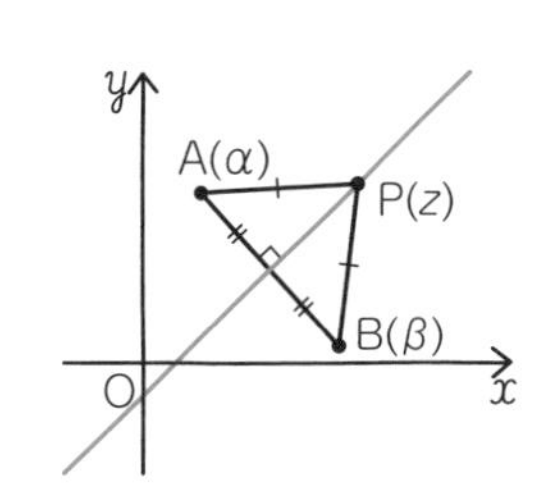

41 半直線のなす角

複素数と図形③

3点 A$(2+2i)$，B$(4+i)$，C$(5+3i)$ を頂点とする△ABC について，∠BAC の大きさを調べてみましょう。

点 A を原点 O に移す平行移動によって，点 B，C がそれぞれ点 B′，C′ に移るとすると

B′$(4+i-2-2i)$　すなわち　B′$(2-i)$

C′$(5+3i-2-2i)$　すなわち　C′$(3+i)$

ここで　$\angle B'OC'=\arg(3+i)-\arg(2-i)=\arg\dfrac{3+i}{2-i}$　←複素数の商の偏角は偏角の差

だから，$\dfrac{3+i}{2-i}$ を極形式で表したときの偏角が∠B′OC′ となります。

実際，$\dfrac{3+i}{2-i}=\dfrac{(3+i)(2+i)}{(2-i)(2+i)}=1+i=\sqrt{2}\left(\dfrac{1}{\sqrt{2}}+\dfrac{1}{\sqrt{2}}i\right)=\sqrt{2}\left(\cos\dfrac{\pi}{4}+i\sin\dfrac{\pi}{4}\right)$

$a+bi=\sqrt{a^2+b^2}\left(\dfrac{a}{\sqrt{a^2+b^2}}+\dfrac{b}{\sqrt{a^2+b^2}}i\right)$

よって　$\angle B'OC'=\dfrac{\pi}{4}$

【半直線のなす角】

3点 A(α)，B(β)，C(γ) に対して　$\angle BAC=\arg\dfrac{\gamma-\alpha}{\beta-\alpha}$

問題1　3点 A$(-i)$，B$(-1+i)$，C$(2+5i)$ とするとき，∠BAC の大きさを求めましょう。ただし，$0<\angle BAC<\pi$ とします。

A(α)，B(β)，C(γ) とすると　$\angle BAC=\arg\dfrac{\gamma-\alpha}{\beta-\alpha}$

$\dfrac{\gamma-\alpha}{\beta-\alpha}=\dfrac{2+5i-(-i)}{-1+i-(-i)}=\dfrac{2+6i}{-1+2i}=\dfrac{(2+6i)(1+2i)}{(-1+2i)(1+2i)}$

$=\dfrac{-10+10i}{-5}=2-2i=2\sqrt{2}\left(\dfrac{1}{\sqrt{2}}-\dfrac{1}{\sqrt{2}}i\right)$

$=$ ㋐□ $\{\cos($㋑□$)+i\sin($㋑□$)\}$　←$\cos\theta=\dfrac{1}{\sqrt{2}}$，$\sin\theta=-\dfrac{1}{\sqrt{2}}$

$0<\angle BAC<\pi$ だから　∠BAC＝㋒□

複素数 z の偏角は $0\leqq\theta<2\pi$ や $-\pi\leqq\theta<\pi$ で考えますが，半直線のなす角は $0\leqq\theta<\pi$ で考えます。

基本練習

答えは別冊 12 ページ

3 点 A$(2+3i)$，B$(-4-3i)$，C(5) のとき，∠BAC の大きさを求めよ。

もっとくわしく　複素数平面上の垂直条件

異なる 3 点 A(α)，B(β)，C(γ) について，

・3 点 A，B，C が同一直線上にある $\iff$ $\dfrac{\gamma-\alpha}{\beta-\alpha}$ が実数

・2 直線 AB，AC が垂直に交わる $\iff$ $\dfrac{\gamma-\alpha}{\beta-\alpha}$ が純虚数

復習テスト 3

➔ 答えは別冊19～21ページ

1 複素数平面上で $\alpha=1+i$，$\beta=4+5i$ の表す点を，それぞれ A，B とする。

(1) このとき，$\beta-\alpha$ の絶対値は $\boxed{\text{ア}}$ であり，$\beta-\alpha$ の表す点を原点Oを中心に $\dfrac{\pi}{2}$ 回転すると，その点を表す複素数は $-\boxed{\text{イ}}+\boxed{\text{ウ}}\,i$ である。

(2) 線分 AB の中点を表す複素数は $\dfrac{\boxed{\text{エ}}}{\boxed{\text{オ}}}+\boxed{\text{カ}}\,i$ である。

(3) 複素数 $\gamma=x+2i$（ただし，x は実数）の表す点を P とする。このとき，

$$\frac{\beta-\gamma}{\alpha-\gamma}=\frac{(x^2-\boxed{\text{キ}}\,x+\boxed{\text{ク}})+(\boxed{\text{ケ}}-\boxed{\text{コ}}\,x)i}{x^2-\boxed{\text{サ}}\,x+\boxed{\text{シ}}}$$

P が AB を直径とする円周上にあるのは $x=\dfrac{\boxed{\text{ス}}\pm\sqrt{\boxed{\text{セソ}}}}{\boxed{\text{タ}}}$ のときである。

(センター試験本試・一部改)

2

複素数平面上で $4+8i$，$-4-4i$，$8-8i$ を表す3点をそれぞれA，B，Cとする。線分BCを3：1に内分する点をD，線分ACを3：1に内分する点をE，線分ABを1：3に内分する点をFとすれば，D，E，Fを表す複素数はそれぞれ，

$$\boxed{\text{ア}}-\boxed{\text{イ}}i,\ \boxed{\text{ウ}}-\boxed{\text{エ}}i,\ \boxed{\text{オ}}+\boxed{\text{カ}}i$$

となる。

線分ECをEを中心として $\frac{\pi}{2}$ 回転し，さらに，長さを x 倍した線分をEPとすれば，Pを表す複素数は

$$\boxed{\text{キ}}x+\boxed{\text{ク}}+(x-\boxed{\text{ケ}})i$$

である。

線分FAをFを中心として $\frac{\pi}{2}$ 回転し，さらに，長さを y 倍した線分をFQとすれば，Qを表す複素数は

$$\boxed{\text{コ}}-\boxed{\text{サ}}y+(\boxed{\text{シ}}+\boxed{\text{ス}}y)i$$

である。

$y=1$ かつ線分DPと線分DQのなす角が $\frac{\pi}{2}$ であるとき，$x=\boxed{\text{セ}}$ である。

（センター試験本試・一部改）

42 放物線の方程式

放物線

これまで，放物線を $y=ax^2+bx+c$ として考えてきましたが，ここでは，より一般的に考えていきます。放物線のより一般的な定義は

定点Fからの距離とFを通らない定直線 ℓ からの距離が等しい点の軌跡

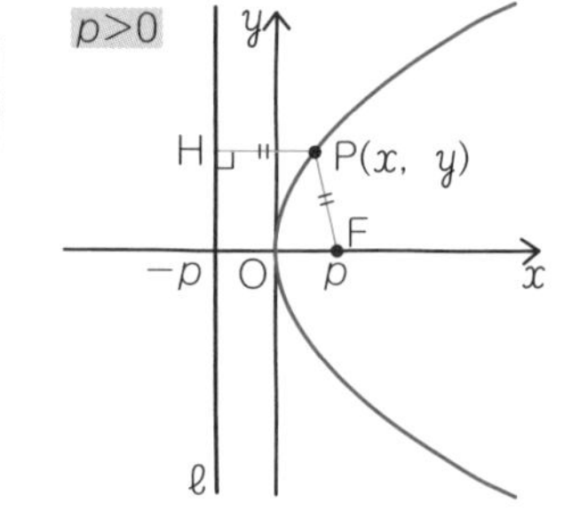

となります。このとき，点Fを放物線の**焦点**，直線 ℓ を放物線の**準線**といいます。

右の図で，点F$(p,\ 0)$ を焦点，直線 $x=-p$ を準線，点Pから準線に引いた垂線をPHとすると，

$PF^2=PH^2$ であることから

$$y^2=4px$$

が導かれます。この方程式を放物線の方程式の標準形，さらに，焦点を通り準線に垂直な直線を放物線の**軸**，軸と放物線の交点を放物線の**頂点**といいます。放物線は，軸に関して対称となります。

【放物線の標準形 $y^2=4px$ $(p\neq0)$】

[1] 焦点は　点 $(p,\ 0)$，準線は $x=-p$

[2] 軸は x 軸，頂点は原点O

問題 1　**焦点が点 $(4,\ 0)$ で，準線が直線 $x=-4$ である放物線の方程式を求めましょう。**

放物線を $y^2=4px$ とおくと，焦点が $x=4$ だから，$p=$ ㋐□ である。

よって，放物線の方程式は　$y^2=$ ㋑□ x

問題 2　**放物線 $y^2=-6x$ の焦点と準線を求めましょう。**

$y^2=-6x$ を放物線の方程式の標準形 $y^2=4px$ の形に変形すると

$y^2=-6x=4\cdot($ ㋒□ $)\cdot x$　← $y^2=kx$ のとき，$y^2=4\cdot\frac{k}{4}x$

したがって　$p=$ ㋒□

よって，焦点は　点 $\left(-\frac{3}{2},\ 0\right)$，準線は　$x=$ ㋓□ である。

基本練習

答えは別冊 12 ページ

次の放物線の焦点と準線を求めよ。また，その概形をかけ。

(1) $y^2=2x$

(2) $y^2=-x$

もっとくわしく　y 軸が軸となる放物線

$p\neq 0$ のとき，点 F$(0,\ p)$ を焦点とし，直線 $y=-p$ を準線とする放物線の方程式の標準形は

$x^2=4py$　……①

のように表される。このとき，軸は y 軸であり，頂点は原点にある。

この放物線をこれまでのように $y=ax^2+bx+c$ という形で考えると，軸と頂点の位置から

$y=ax^2$　……②

と表せる。①と②を比較すると

$4py=\dfrac{1}{a}y$　よって　$\dfrac{1}{a}=4p$

したがって，$y=ax^2$ と表される放物線の焦点は $\left(0,\ \dfrac{1}{4a}\right)$，準線は直線 $y=-\dfrac{1}{4a}$ となる。

43 楕円の方程式

楕円

平面上で，2 定点 F，F′ からの距離の和が一定である点の軌跡を**楕円**といい，このときの定点 F と F′ を楕円の**焦点**といいます。

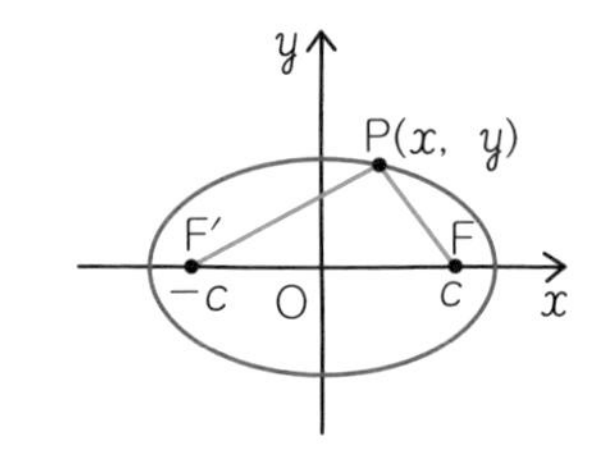

2 つの焦点を $(c,\ 0)$，$(-c,\ 0)$ として，焦点からの距離の和が $2a$ である楕円の方程式は

$$\frac{x^2}{a^2}+\frac{y^2}{b^2}=1 \quad （ただし，b=\sqrt{a^2-c^2}）$$

となります。この方程式を楕円の方程式の標準形といいます。このとき，$a>b$ です。

楕円と x 軸，y 軸との 4 つの交点 A，B，A′，B′ を楕円の**頂点**といい，線分 AA′，BB′ のうち，長いほうを**長軸**，短いほうを**短軸**といいます。また，長軸と短軸の交点を，楕円の**中心**といいます。

【楕円 $\frac{x^2}{a^2}+\frac{y^2}{b^2}=1$ $(a>b>0)$ の性質】

[1]　焦点は $(\sqrt{a^2-b^2},\ 0)$，$(-\sqrt{a^2-b^2},\ 0)$

[2]　楕円上の点から 2 つの焦点までの距離の和は　$2a$

[3]　長軸の長さは　$2a$，短軸の長さは　$2b$

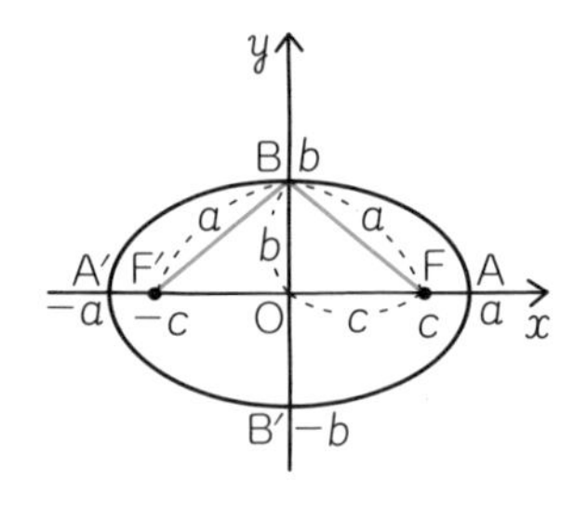

問題 1　**2 点 (4，0)，(−4，0) を焦点とし，焦点からの距離の和が 10 である楕円の方程式を求めましょう。**

楕円の方程式は $\frac{x^2}{a^2}+\frac{y^2}{b^2}=1$ $(a>b>0)$ とおける。焦点からの距離の和が 10 だから

$2a=$ ㋐□　より　$a=$ ㋑□

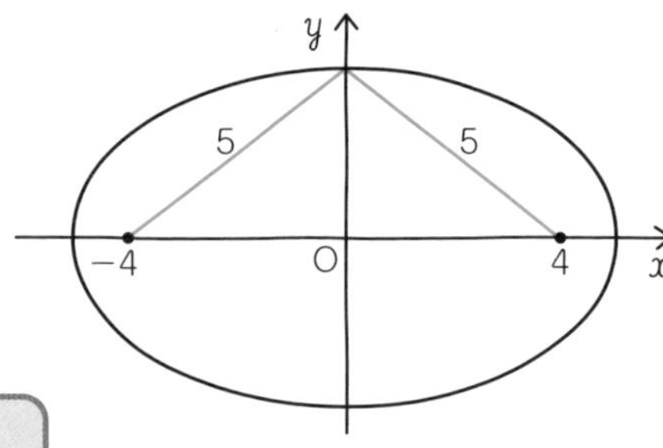

焦点の x 座標を c とおくと，$c=\sqrt{a^2-b^2}$ で，

$c=4$，$a=$ ㋑□ だから

$b^2=a^2-c^2=5^2-4^2=$ ㋒$□^2$　すなわち　$b=$ ㋒□

したがって，求める楕円の方程式は

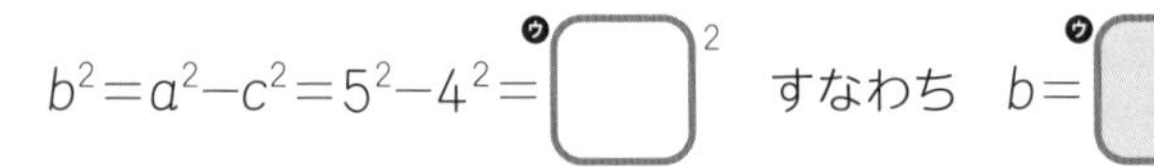

$$\frac{x^2}{㋓□^2}+\frac{y^2}{㋔□^2}=1$$ ←a^2，b^2 は計算してもしなくてもどちらでもよい

基本練習

答えは別冊 12 ページ

次の問いに答えよ。

(1) 楕円 $\dfrac{x^2}{3^2}+\dfrac{y^2}{4^2}=1$ の焦点と長軸，短軸の長さを求めよ。

(2) 2点$(3,\ 0)$，$(-3,\ 0)$を焦点とし，焦点からの距離の和が 8 である楕円の方程式を求めよ。

もっとくわしく　y 軸上に焦点をもつ楕円

焦点を $(0,\ c)$，$(0,\ -c)$ のように y 軸上にとり，距離の和を $2b$ にすると，楕円の方程式は

$$\frac{x^2}{a^2}+\frac{y^2}{b^2}=1 \quad (\text{ただし，} a=\sqrt{b^2-c^2}\,)$$

として得られます。このときは，$a<b$ です。

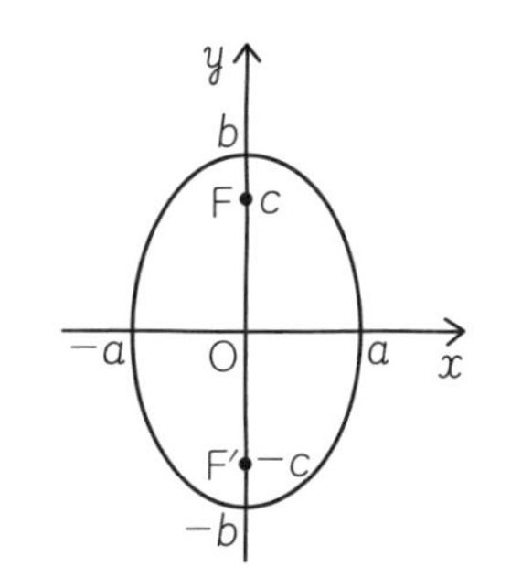

楕円の方程式 $\dfrac{x^2}{a^2}+\dfrac{y^2}{b^2}=1$ が与えられたときは，a と b の大小関係で，焦点が x 軸上にあるか y 軸上にあるかに注意が必要です。

44 双曲線の方程式

双曲線

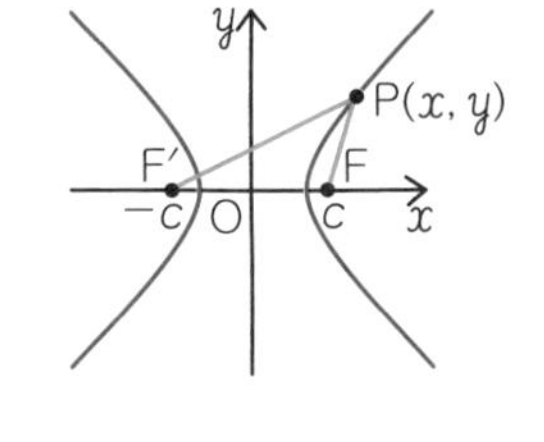

平面上で，2 定点 F，F′ からの距離の差が 0 でなく一定である点の軌跡を**双曲線**といい，このときの 2 点 F，F′ を双曲線の**焦点**といいます。

2 つの焦点を $(c,\ 0)$，$(-c,\ 0)$ として，焦点からの距離の差が $2a$ である双曲線の方程式は $\dfrac{x^2}{a^2}-\dfrac{y^2}{b^2}=1$ **（ただし，$b=\sqrt{c^2-a^2}$）**

となります。この方程式を双曲線の方程式の標準形といいます。

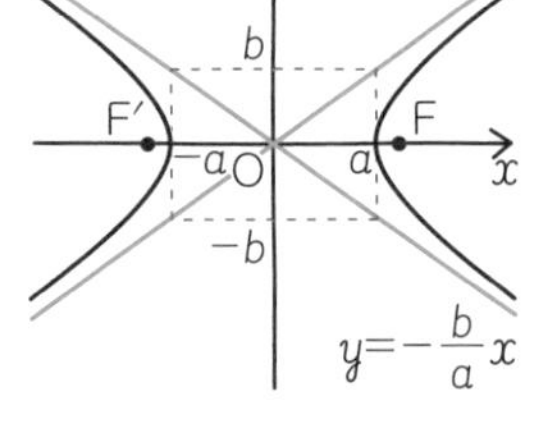

双曲線の焦点 F，F′ を通る直線 FF′ と双曲線の交点を双曲線の**頂点**，線分 FF′ の中点を双曲線の**中心**といい，双曲線のグラフが限りなく近づいていく直線のことを**漸近線**といいます。

たとえば，双曲線 $\dfrac{x^2}{a^2}-\dfrac{y^2}{b^2}=1$ について，頂点は 2 つあって，$(a,\ 0)$ と $(-a,\ 0)$，漸近線は，$y=\dfrac{b}{a}x$，$y=-\dfrac{b}{a}x$ となります。とくに，双曲線の中で漸近線が直交する双曲線を**直角双曲線**といいます。

【双曲線 $\dfrac{x^2}{a^2}-\dfrac{y^2}{b^2}=1$ $(a>0,\ b>0)$ の性質】

[1]　焦点は　$(\sqrt{a^2+b^2},\ 0)$，$(-\sqrt{a^2+b^2},\ 0)$

[2]　双曲線上の点から 2 つの焦点までの距離の差は　$2a$

[3]　漸近線は　$y=\dfrac{b}{a}x$，$y=-\dfrac{b}{a}x$

問題❶　**双曲線 $\dfrac{x^2}{9}-\dfrac{y^2}{4}=4$ の焦点，頂点，漸近線を求めましょう。**

双曲線の標準形に変形すると　$\dfrac{x^2}{36}-\dfrac{y^2}{16}=1$　すなわち　$\dfrac{x^2}{6^2}-\dfrac{y^2}{4^2}=1$

↑ $a=6$，$b=4$ の双曲線

したがって，焦点は，$\sqrt{6^2+4^2}=2\sqrt{13}$ より

(㋐□, 0)，(−㋐□, 0)

頂点は　(㋑□, 0)，$(-6,\ 0)$

漸近線は　$y=\dfrac{2}{3}x$，$y=$㋒□x

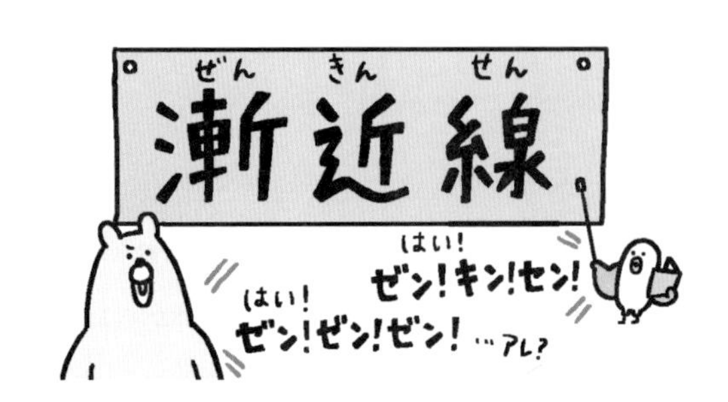

基本練習

答えは別冊 12 ページ

次の問いに答えよ。

(1) 双曲線 $\dfrac{x^2}{8}-\dfrac{y^2}{18}=1$ の焦点，頂点，漸近線を求めよ。

(2) 双曲線 $\dfrac{x^2}{a^2}-\dfrac{y^2}{b^2}=1$ $(a>0,\ b>0)$ の焦点と，双曲線上の点と 2 つの焦点までの距離の差を，a，b を用いて表せ。また，この方程式が，2 点$(5,\ 0)$，$(-5,\ 0)$からの距離の差が 6 である双曲線を表すとき，a と b の値を求めよ。

もっとくわしく　y 軸上に焦点をもつ双曲線

一般に，$a>0$，$b>0$ のとき，方程式 $\dfrac{x^2}{a^2}-\dfrac{y^2}{b^2}=-1$ の表す曲線も双曲線であり，この双曲線について

焦点は　2 点 $(0,\ \sqrt{a^2+b^2})$，$(0,\ -\sqrt{a^2+b^2})$

頂点は　2 点 $(0,\ b)$，$(0,\ -b)$

漸近線は　2 直線 $y=\dfrac{b}{a}x$，$y=-\dfrac{b}{a}x$

双曲線上の点から 2 つの焦点までの距離の差は　$2b$

2次曲線の平行移動

45 曲線の平行移動

方程式 $F(x,\ y)=0$ を満たす点 $(x,\ y)$ 全体が曲線を表すとき，この曲線を方程式 $F(x,\ y)=0$ の表す曲線，または曲線 $F(x,\ y)=0$ といいます。このとき，方程式 $F(x,\ y)=0$ を，曲線の方程式といいます。

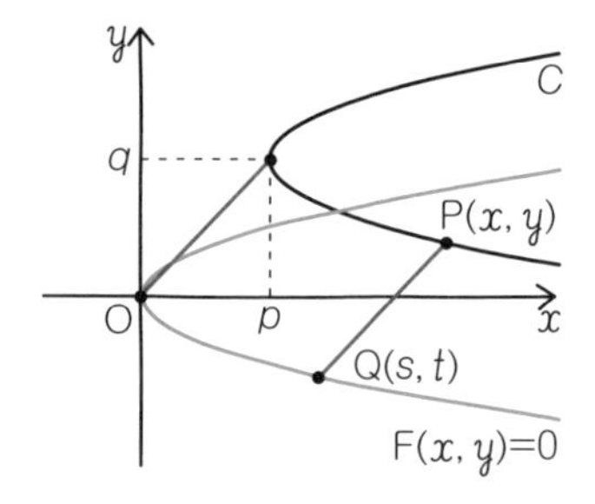

例 たとえば，直線 $y=x+1$ は，$x-y+1=0$ と変形できるので，直線 $F(x,\ y)=0$ は直線 $x-y+1=0$ と同じです。

曲線 $F(x,\ y)=0$ の平行移動を考えるとき，x 軸方向に p，y 軸方向に q だけ平行移動した移動後の曲線 C の方程式は

$$F(x-p,\ y-q)=0$$ ← x を $x-p$，y を $y-q$ と置き換える，と考えてもよい

となります。

例 放物線 $y=x^2$ を x 軸方向に p，y 軸方向に q だけ平行移動した曲線 C を求めましょう。

x を $x-p$，y を $y-q$ と置き換えて　$y-q=(x-p)^2$　より　$y=(x-p)^2+q$

問題 1　**楕円 $\dfrac{x^2}{5}+\dfrac{y^2}{9}=1$ を，x 軸方向に 2，y 軸方向に -3 だけ平行移動したときの移動後の楕円の方程式と，移動後の楕円の焦点の座標を求めましょう。**

移動後の楕円の方程式は，x を $x-$ ア□，y を $y-($イ□$)$ すなわち，$y+3$ で置き換えて

$$\frac{(x-2)^2}{5}+\frac{(y+3)^2}{9}=1$$ ← $x+2$ や $y-3$ とするのは間違い

また，移動前の楕円 $\dfrac{x^2}{5}+\dfrac{y^2}{9}=1$ の焦点は，$5<9$ より，ウ□ 軸上の点であり，

$\sqrt{9-5}=\sqrt{4}=2$ だから，移動前の楕円の焦点は

$(0,$ エ□$)$，$(0,$ オ□$)$

したがって，移動後の楕円の焦点は

$(0+2,$ エ□$-3)$，$(0+2,$ オ□$-3)$ ← 点の移動では，「x 座標 $+2$」，「y 座標 -3」とする

すなわち

$($カ□$,$ キ□$)$，$(2,\ -5)$

基本練習

答えは別冊 13 ページ

次の問いに答えよ。

(1) 双曲線 $\dfrac{x^2}{4}-\dfrac{y^2}{9}=1$ を x 軸方向に -1，y 軸方向に 2 だけ平行移動した双曲線の方程式と焦点の座標を求めよ。

(2) 放物線 $y^2=8x$ を，x 軸方向に 2，y 軸方向に -3 だけ平行移動したとき，移動後の放物線の方程式と焦点の座標を求めよ。

もっとくわしく 分母を払った形が与えられていたら（標準形に直す）

x と y の 2 次式で表された方程式の形として，$ax^2+by^2+cx+dy+e=0$ を考えるとき，この方程式が 1 組以上の実数解をもつならば，必ず，放物線，楕円，双曲線，点のいずれかとなります。具体的にどんな図形を示すかは，それぞれ x と y について平方完成することでわかります。

たとえば，$x^2+4y^2-4x-8y-8=0$ は

$$\xrightarrow{\text{(平方完成)}} (x-2)^2+4(y-1)^2=16 \xrightarrow{\text{(定数部分で割る)}} \frac{(x-2)^2}{16}+\frac{(y-1)^2}{4}=1$$

のように変形することで，グラフが表す図形や焦点などを求めることができます。

46 2次曲線と直線の共有点

2次曲線と直線の共有点の個数は，2次曲線の方程式と直線の方程式から１文字を消去して得られる2次方程式の実数解の個数に一致します。このことから，曲線と直線の共有点の個数を調べるには，2次方程式の判別式が利用できます。

例　放物線 $y^2=4x$ と，直線 $y=x+k$ との共有点の個数を調べてみましょう。

y を消去すると　$(x+k)^2=4x$　より　$x^2+2(k-2)x+k^2=0$

この2次方程式の判別式を D とすると

$$\frac{D}{4}=(k-2)^2-k^2$$

$$=k^2-4k+4-k^2$$

$$=-4(k-1)$$

だから　$D<0 \iff k>1$　……共有点0個　← 共有点をもたない

$D=0 \iff k=1$　……共有点１個　← 直線と曲線は接する

$D>0 \iff k<1$　……共有点2個　← 直線と曲線は交わる

【2次曲線と直線の共有点の個数】
判別式を用いて調べる

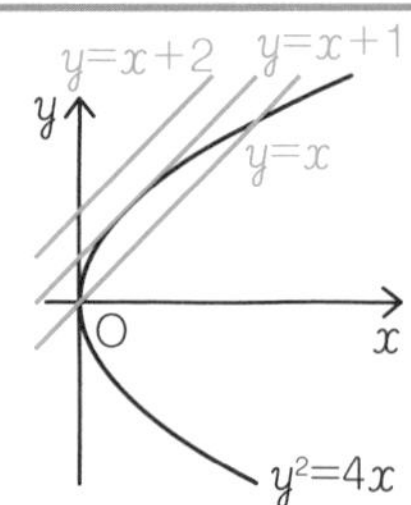

問題❶　**楕円 $4x^2+y^2=20$ と直線 $y=x+k$（k は定数）の共有点の個数を調べましょう。**

楕円 $4x^2+y^2=20$　……①　　直線 $y=x+k$　……②

②を①に代入すると，$4x^2+(x+k)^2=20$ より

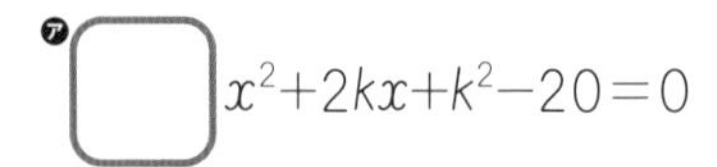

ア $\square\,x^2+2kx+k^2-20=0$　……③　← x の係数が偶数であることに着目

③の2次方程式の判別式を D とすると

$$\frac{D}{4}=k^2-5(k^2-20)=-4k^2+100$$　← $D=4k^2-4\cdot5(k^2-20)$ の計算を省力化

$$=-4(k+\text{イ}\square)(k-\text{ウ}\square)$$

より　$D<0 \iff k<-5,\ 5<k$　……共有点 エ $\square$ 個　← 楕円と直線は共有点をもたない

$D=0 \iff k=\pm5$　……共有点１個　← 楕円と直線は接する

$D>0 \iff -5<k<5$　……共有点 オ $\square$ 個　← 楕円と直線は交わる

基本練習

答えは別冊 13 ページ

双曲線 $x^2-4y^2=9$ と直線 $y=x+k$ の共有点の個数を調べよ。ただし，k は定数とする。

もっとくわしく 離心率とは？

一般に，定点 F からの距離と，F を通らない直線 ℓ からの距離の比が e : 1 である点 P の軌跡について，次のように分類することができます。

$0<e<1$ のとき　楕円

$e=1$ のとき　放物線

$e>1$ のとき　双曲線

これらはすべて，定点 F が焦点，あるいは焦点の 1 つとなっています。この e の値を 2 次曲線の**離心率**といいます。また，直線 ℓ を**準線**といいます。

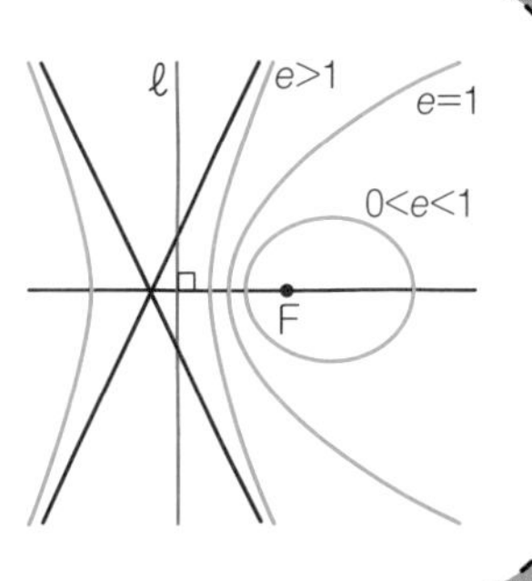

47 2次曲線と直線② 接線の方程式

2 次曲線と直線の共有点の個数を調べる際に判別式を用いましたが，とくに，接線に関しては，$D=0$ として，接線の方程式を求めていきます。

【2次曲線の接線】

直線 $y=ax+b$ と 2 次曲線 $F(x,\ y)=0$ が接する

⟶ 2 つの方程式を連立して得られる 2 次方程式から　判別式＝0

問題①　点 $(0,\ 4)$ から楕円 $4x^2+y^2=4$ に接線を引くとき，その接線の方程式を求めましょう。

$4x^2+y^2=4$　……①

点 $(0,\ 4)$ を通る直線の方程式を，$y=mx+4$ とおいて，①に代入すると

$$4x^2+(mx+4)^2=4$$

$$4x^2+m^2x^2+8mx+16=4$$

すなわち

$$(\text{ア}\square+m^2)x^2+\text{イ}\square mx+12=0$$

判別式を D とすると　← 2 次曲線と直線の共有点の個数は，2 次方程式の判別式から調べる

$$\frac{D}{4}=(\text{ウ}\square m)^2-(\text{ア}\square+m^2)\cdot 12$$

← 2 次方程式 $ax^2+2bx+c=0$ の判別式には $\frac{D}{4}=b^2-ac$ が使える

$$=4(m^2-\text{エ}\square)$$

$D=0$ のとき，直線と楕円は接するから

$m^2-\text{エ}\square=0$　　よって　$m=\pm 2\sqrt{\text{オ}\square}$

したがって，求める接線の方程式は　← 求めた m の値を $y=mx+4$ に代入する

$y=\text{カ}\square x+4$，$y=-2\sqrt{3}x+4$

基本練習

答えは別冊 13 ページ

点 (0, 5) から楕円 $4x^2+9y^2=36$ に接線を引くとき，その接線の方程式を求めよ。

もっとくわしく 楕円と双曲線の接線の方程式の公式

楕円，双曲線の接線については，次の公式が有名です。

楕円 $\dfrac{x^2}{a^2}+\dfrac{y^2}{b^2}=1$ 上の点 $\mathrm{P}(x_1,\ y_1)$ における接線の方程式は　$\dfrac{x_1x}{a^2}+\dfrac{y_1y}{b^2}=1$

双曲線 $\dfrac{x^2}{a^2}-\dfrac{y^2}{b^2}=1$ 上の点 $\mathrm{P}(x_1,\ y_1)$ における接線の方程式は　$\dfrac{x_1x}{a^2}-\dfrac{y_1y}{b^2}=1$

48 媒介変数表示

曲線の媒介変数表示①

これまでは，曲線の方程式を x と y を用いた１つの式で考えてきました。しかし，$x=\cos\theta$，$y=\sin\theta$ のように，x と y の間に変数 θ を用いることで，関係性がわかりやすくなることがあります。このように，x と y の関係の仲立ちとして考えた変数を**媒介変数**，曲線 C の方程式を媒介変数を用いて下のように表すことを，曲線 C の**媒介変数表示**といいます。

$x=f(t)$，$y=g(t)$　←媒介変数としては実数 t，角 θ がよく用いられる

ポイント　**媒介変数を用いた曲線の表し方は１通りではありません。**

例　t がすべての実数をとるとき，$x=t+1$，$y=3t$ がどんな図形を表すか，求めてみましょう。x と y の直接の関係を求めるために，x と y の２つの式から t を消去して x と y だけの方程式に直します。このとき，$x=t+1$ から　$t=x-1$

この式を $y=3t$ に代入すると　$y=3(x-1)$

すなわち，$x=t+1$，$y=3t$ は，点 $(1,\ 0)$ を通る傾き３の直線を表す。

問題１　**媒介変数表示される次の図形の方程式とその概形を求めましょう。**

(1)　$x=2t+1$，$y=4t^2$　　(2)　$x=t^2$，$y=2t$

(1)　$x=2t+1$ を t について解くと　$t=\dfrac{x-1}{\text{ア}\square}$

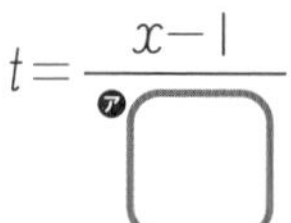

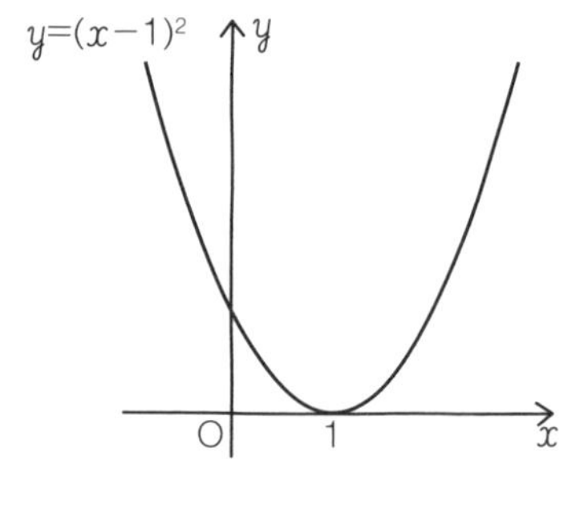

$y=4t^2$ に代入すると　$y=4\left(\dfrac{x-1}{2}\right)^2=(x-1)^2$　←t が消去できた

よって，$x=2t+1$，$y=4t^2$ が表す曲線は

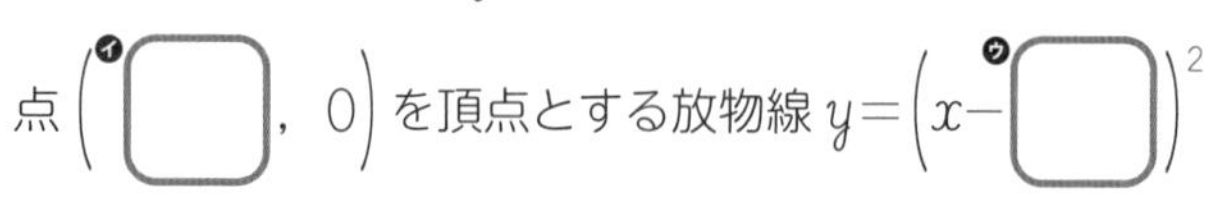

点 $(\text{イ}\square,\ 0)$ を頂点とする放物線 $y=(x-\text{ウ}\square)^2$

であり，そのグラフは右の図のようである。

(2)　$y=2t$ を t について解くと　$t=\dfrac{y}{2}$　←$y=2t$ のほうが t を消去しやすい

$x=t^2$ に代入すると　$x=\left(\dfrac{y}{2}\right)^2=\dfrac{y^2}{4}$　←t が消去できた

すなわち　$y^2=4x=4\cdot1\cdot x$

よって，$x=t^2$，$y=2t$ が表す曲線は，

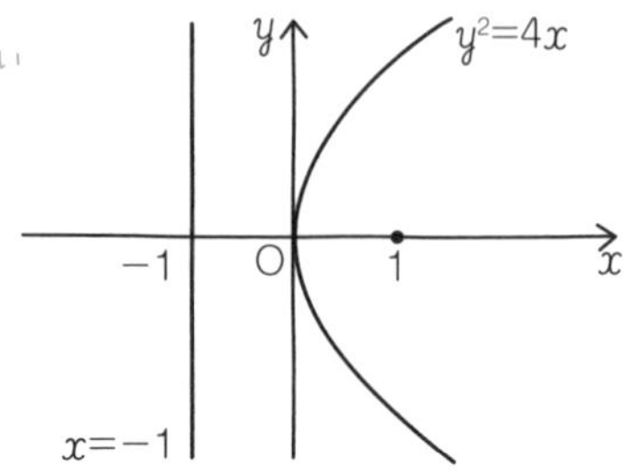

焦点が $(\text{エ}\square,\ 0)$，準線が $x=\text{オ}\square$ の放物線で，そのグラフは上の図のようである。

基本練習

答えは別冊 13 ページ

媒介変数表示される次の図形の方程式とその概形を求めよ。

(1) $x=2t+1$, $y=2-3t$

(2) $x=(2t-1)^2$, $y=t+2$

もっとくわしく　媒介変数のとる値の範囲に注意する

媒介変数で表された問題では，定義域に注意が必要です。

たとえば　$x=t^2$, $y=t^2$　(t はすべての実数)

↓

$y=x$　$(x \geqq 0)$

では，$y=x$ という直線全体を表しているのではなく，$t^2 \geqq 0$ だから $x \geqq 0$ で，$y=x$ $(x \geqq 0)$ という半直線に制限されていることがわかります。

こうした定義域は，とくに，$\cos\theta$，$\sin\theta$ を媒介変数とするときにはよく登場するので，注意が必要です。

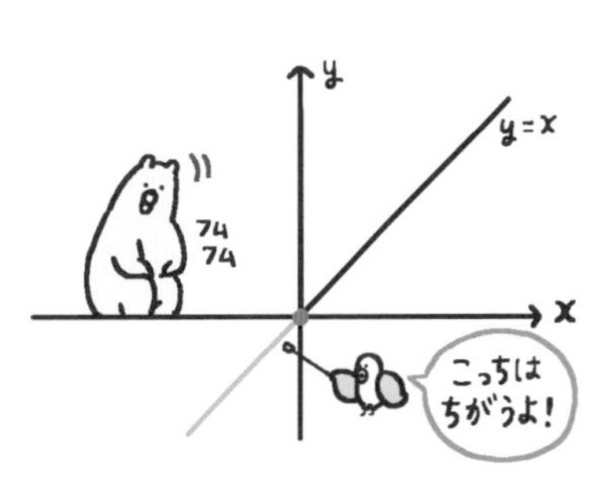

49 曲線の媒介変数表示② 一般角θを用いた媒介変数表示

48 で触れたように，媒介変数表示としては，実数 t を仲立ちとするものや，円のようにθ(ラジアン) を仲立ちとして考えたほうが，曲線の状態や x と y の関係性がとらえやすいものもあります。

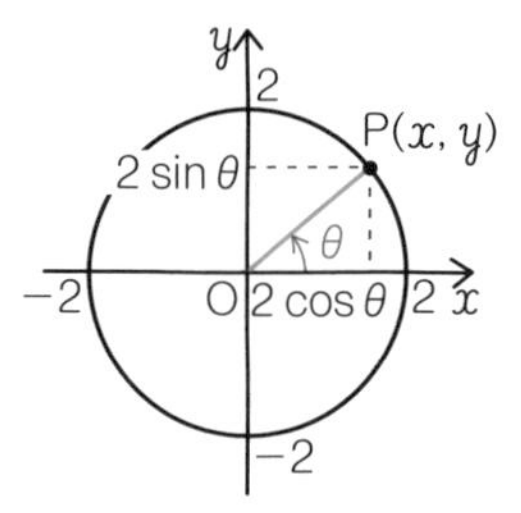

三角関数で学習した通り，円 $x^2+y^2=2^2$ は $x=2\cos\theta$，$y=2\sin\theta$ のように表すことができますから，これは円 $x^2+y^2=2^2$ の媒介変数表示です。このことから，円は一般角θを用いて，次のように表すことができます。

【円$x^2+y^2=r^2$の媒介変数表示】

$$x=r\cos\theta,\quad y=r\sin\theta$$

円と同じように，楕円や双曲線もまた，$\cos\theta$ と $\sin\theta$ を用いて媒介変数表示することができます。

【楕円 $\dfrac{x^2}{a^2}+\dfrac{y^2}{b^2}=1$の媒介変数表示】

$$x=a\cos\theta,\quad y=b\sin\theta$$

【双曲線 $\dfrac{x^2}{a^2}-\dfrac{y^2}{b^2}=1$の媒介変数表示】

$$x=\frac{a}{\cos\theta},\quad y=b\tan\theta$$

問題 1　角θを媒介変数として，次の曲線を表しましょう。

(1) 円 $x^2+y^2=9$　(2) 楕円 $4x^2+y^2=16$　(3) 双曲線 $4x^2-9x^2=36$

(1) 円 $x^2+y^2=9$ で，$9=3^2$ なので，媒介変数表示は

$x=$ ㋐□ $\cos\theta$，$y=$ ㋑□ $\sin\theta$

(2) 楕円 $4x^2+y^2=16$ より　← 楕円の方程式を $\dfrac{x^2}{a^2}+\dfrac{y^2}{b^2}=1$ の形に変形

$\dfrac{x^2}{4}+\dfrac{y^2}{16}=1$　すなわち　$\dfrac{x^2}{2^2}+\dfrac{y^2}{4^2}=1$

よって，媒介変数表示は　$x=$ ㋒□ $\cos\theta$，$y=$ ㋓□ $\sin\theta$

(3) 双曲線 $4x^2-9x^2=36$ より　← 双曲線の方程式を $\dfrac{x^2}{a^2}-\dfrac{y^2}{b^2}=1$ の形に変形

$\dfrac{x^2}{9}-\dfrac{y^2}{4}=1$　すなわち　$\dfrac{x^2}{3^2}-\dfrac{y^2}{2^2}=1$

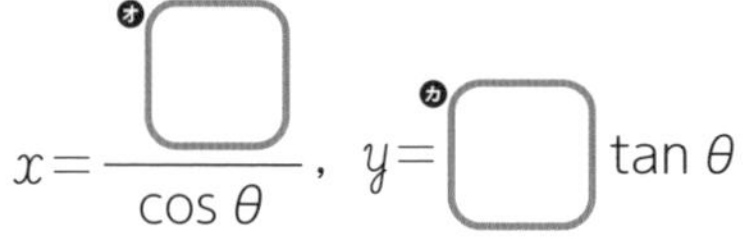

よって，媒介変数表示は　$x=\dfrac{㋔□}{\cos\theta}$，$y=$ ㋕□ $\tan\theta$

基本練習

答えは別冊 14 ページ

次の問いに答えよ。

(1) 一般角 θ を用いて，楕円 $\frac{x^2}{9}+\frac{y^2}{16}=1$ を媒介変数表示せよ。

(2) $x=2\cos\theta+3$，$y=2\sin\theta-1$ はどのような曲線を表すか。

もっとくわしく サイクロイドの媒介変数表示

媒介変数に $\sin\theta$ や $\cos\theta$ を用いた曲線としては，サイクロイドと呼ばれるものが有名です。サイクロイドは，円が定直線上をすべることなく回転するときの円周上の定点 P が描く曲線で，円の半径が a のとき，その媒介変数表示は，

$x=a(\theta-\sin\theta)$，$y=a(1-\cos\theta)$

で，グラフは，右の図のようになります。

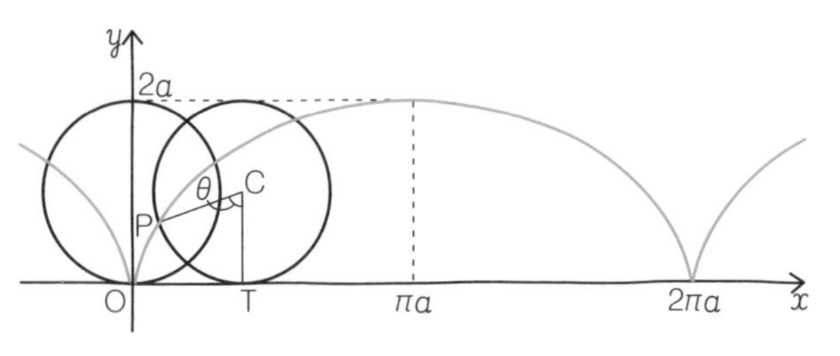

50 極座標と直交座標

極座標

平面上の点Oと半直線OXを定めると，この平面上の点Pの位置は，OPの長さrとOXとOPのなす角θの大きさで決まります。ただし，θは弧度法で表された一般角です。この2つの数の組$(r,\ \theta)$を，点Pの**極座標**といい，$P(r,\ \theta)$と書きます。また，点Oを**極**，半直線OXを**始線**，θを**偏角**といいます。

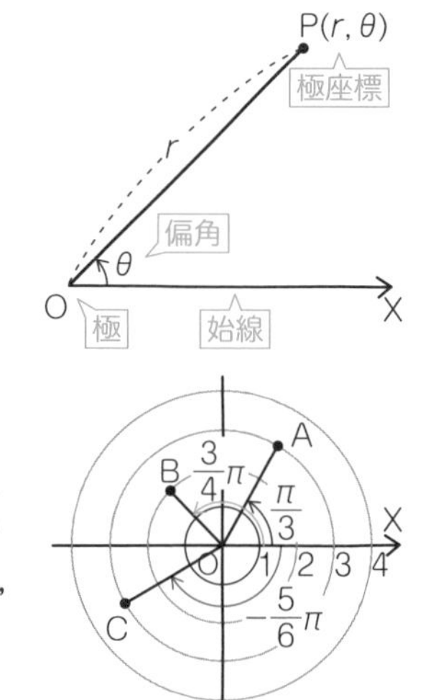

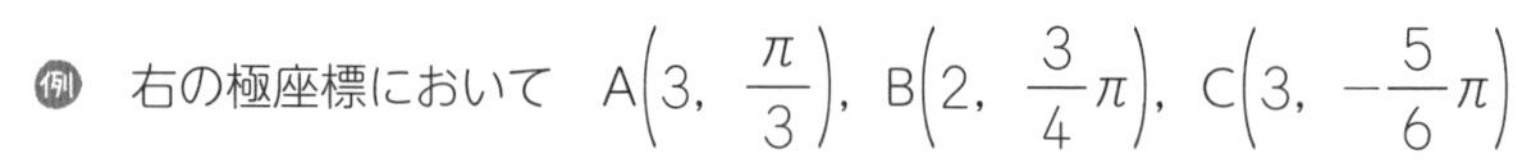

例　右の極座標において　$A\left(3,\ \dfrac{\pi}{3}\right)$，$B\left(2,\ \dfrac{3}{4}\pi\right)$，$C\left(3,\ -\dfrac{5}{6}\pi\right)$

極座標に対して，これまで用いてきたx座標とy座標の組$(x,\ y)$を**直交座標**といいます。直交座標で表された$(x,\ y)$と極座標$(r,\ \theta)$の間には，次の関係が成り立ちます。

【直交座標と極座標の関係】

[1]	[2]
$x=r\cos\theta$ $y=r\sin\theta$	$r=\sqrt{x^2+y^2}$ $\cos\theta=\dfrac{x}{r}$，$\sin\theta=\dfrac{y}{r}$　$(r\neq 0)$

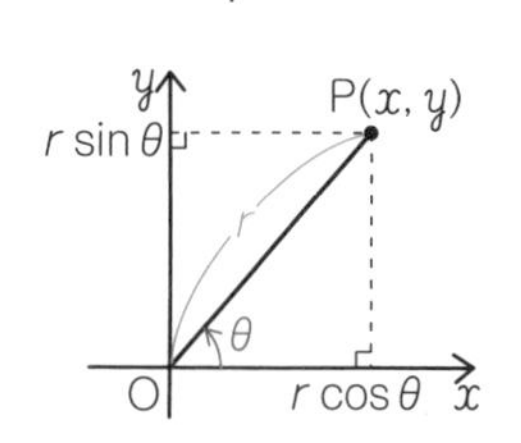

問題1　極座標が$\left(4,\ \dfrac{\pi}{4}\right)$である点Pの直交座標と，直交座標が$(1,\ \sqrt{3})$である点Qの極座標を求めましょう。ただし，$0\leqq\theta<2\pi$とします。

$P\left(4,\ \dfrac{\pi}{4}\right)$より，$r=4$，$\theta=\dfrac{\pi}{4}$

だから　←$r=4$，$\theta=\frac{\pi}{4}$からx，yを求める

$x=r\cos\theta=4\cdot\cos\dfrac{\pi}{4}$

$=4\cdot\dfrac{\sqrt{2}}{2}=2\sqrt{2}$

$y=r\sin\theta=4\cdot\sin\dfrac{\pi}{4}$

$=4\cdot\dfrac{\sqrt{2}}{2}=$ ア□

よって　P(イ□，ウ□)

$Q(1,\ \sqrt{3})$より　$r=\sqrt{1^2+(\sqrt{3})^2}=2$

だから

$\cos\theta=\dfrac{x}{r}=\dfrac{1}{2}$

$\sin\theta=\dfrac{y}{r}=\dfrac{\sqrt{3}}{2}$

$0\leqq\theta<2\pi$では　$\theta=\dfrac{\pi}{\text{エ}\square}$

よって　$Q\left(\text{オ}\square,\ \dfrac{\pi}{3}\right)$

基本練習

答えは別冊 14 ページ

4章 2次曲線

極座標が $\left(2,\ -\frac{7}{4}\pi\right)$ である点Pの直交座標と，直交座標が $(3,\ -\sqrt{3})$ である点Qの極座標を求めよ。ただし，点Qの偏角 θ は $0 \leqq \theta < 2\pi$ とする。

もっと くわしく　極は極座標で表せる？

θ の範囲を $0 \leqq \theta < 2\pi$ と制限すれば，$\mathrm{P}(r,\ \theta)$ となる θ はただ1通りに決まります。また，極Oの極座標は，$(0,\ \theta)$ として，θ はどんな値でもよいものとして考えます。

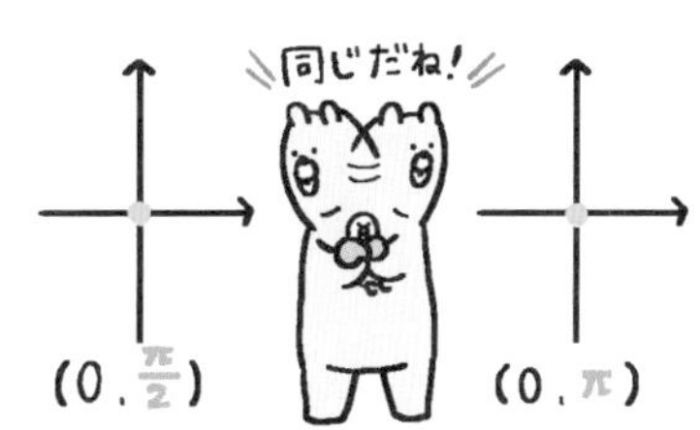

51 極方程式①
極方程式

平面上の曲線が，極座標 $(r,\ \theta)$ の方程式 $F(r,\ \theta)=0$ や $r=f(\theta)$ で表されるとき，その方程式をこの曲線の**極方程式**といいます。

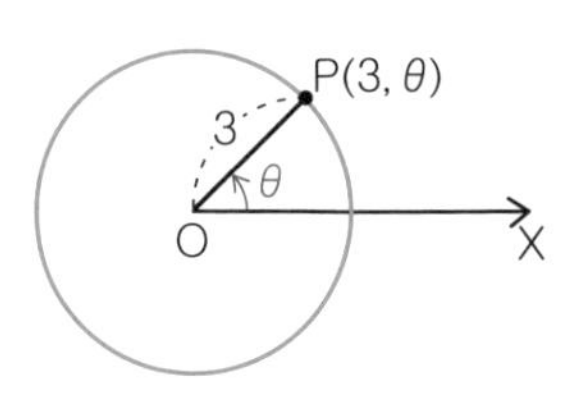

例　極 O を中心とする円の極方程式：$\boldsymbol{r=p}$（p は実数の値）

円周上の点 $P(r,\ \theta)$ において，r が一定で θ だけを変化させれば，点 P は円周上を移動することになります。すなわち，ある r のもとで，θ を任意の値としたものが円の方程式となります。

右の図のように，極 O を中心とする半径 3 の円の極方程式は

$r=3$　← もっとていねいにかくなら，「$r=3$，θ は任意の値」

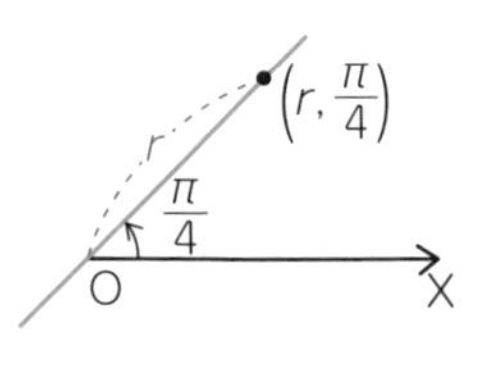

例　極 O を通る直線の極方程式：$\boldsymbol{\theta=\alpha}$（$\alpha$ はある大きさの角）

直線上の点 $P(r,\ \theta)$ において，θ が一定で，r だけを変化させれば，点 P は半直線 OP 上を移動することになります。すなわち，ある θ のもとで，r を任意の値としたものが直線の方程式となります。

右の図のように，極 O を通り，始線と $\dfrac{\pi}{4}$ の角をなす直線の極方程式は　　$\theta=\dfrac{\pi}{4}$

問題❶　極座標が $(a,\ 0)$ である点を中心とする半径 a の円の極方程式を求めましょう。

r と θ の間に成り立つ関係を式で表していきます。

円周上の点 $P(r,\ \theta)$ について，OB は円の直径だから

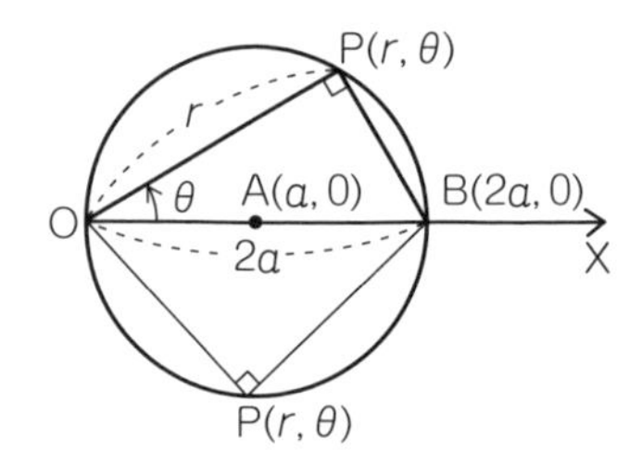

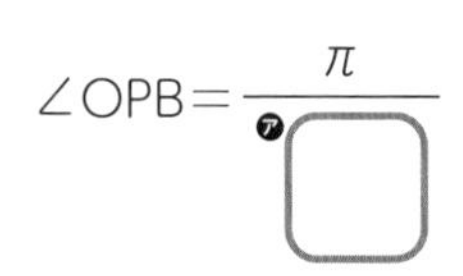

$\angle OPB=\dfrac{\pi}{\text{㋐}\square}$

すなわち，△OBP は ㋑□ 三角形である。　← ㋑には言葉が入る

したがって

$OP=r=OB$ ㋒□　← 三角比の $\cos\theta$ の定義を考える

$=$ ㋓□ $a\cos\theta$

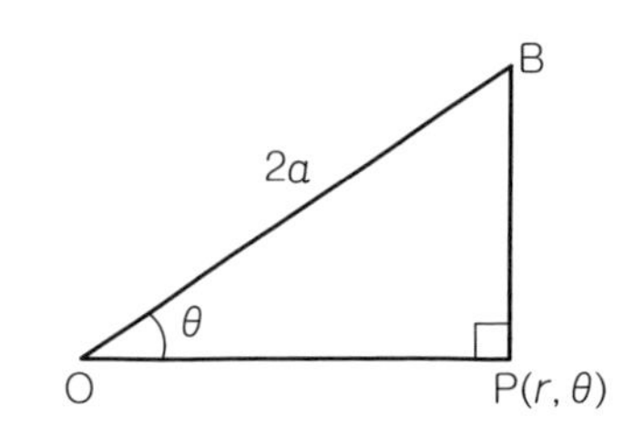

よって，求める極方程式は　　$r=$ ㋓□ $a\cos\theta$

基本練習

答えは別冊 14 ページ

次の図形を表す極方程式をそれぞれ求めよ。

(1)　極座標が$\left(\sqrt{2},\ \dfrac{\pi}{4}\right)$である点 A を通り，始線に平行な直線

(2)　極座標が$(2,\ \pi)$である点 B を中心とする半径 2 の円

もっとくわしく　$r \geqq 0$ は絶対条件ですか？

一般に，極座標$(r,\ \theta)$では$r \geqq 0$で考えましたが，$x=r\cos\theta$，$y=r\sin\theta$ において，

$$x=(-1)\cdot\cos\theta=1\cdot\cos(\theta+\pi),\quad y=(-1)\cdot\sin\theta=1\cdot\sin(\theta+\pi)$$

となることから　$(-1,\ \theta)=(1,\ \theta+\pi)$

とみなすことができます。このことから，極方程式では$r<0$も認めて扱うことにします。

52 極方程式②
直交座標の方程式→極方程式

直交座標の x，y の方程式で表された曲線を極方程式で表すには，**50** で学んだ極座標と直交座標の関係を用いて，x，y の方程式を r，θ の方程式に書き換えていきます。

【x, y の方程式 ⟶ 極方程式の書き換え】

直交座標の方程式 ——($x=r\cos\theta$，$y=r\sin\theta$ とおく)——→ 極方程式

問題 1　双曲線 $x^2-y^2=4$ を極方程式で表しましょう。

双曲線上の点 P(x，y) の極座標を (r，θ) として，$x=r\cos\theta$，$y=r\sin\theta$ を代入すると

$(r\cos\theta)^2-(r\sin\theta)^2=4$

$r^2\cos^2\theta-r^2\sin^2\theta=4$

$r^2(\cos^2\theta-\sin^2\theta)=4$

したがって　$r^2\cos$ ㋐□ $\theta=4$　← θ はできるだけ1か所にまとめよう！

問題 2　直線 $y=x-2$ を極方程式で表しましょう。

直線 $y=x-2$ 上の点 P(x，y) の極座標を (r，θ) として，$x=r\cos\theta$，$y=r\sin\theta$ を代入すると

$r\sin\theta=r\cos\theta-2$　より　$r(\cos\theta-\sin\theta)=2$　……①　← θ を1か所にまとめる

さらに，三角関数の加法定理から　$\cos\theta-\sin\theta=\sqrt{2}\left(\frac{1}{\sqrt{2}}\cos\theta-\frac{1}{\sqrt{2}}\sin\theta\right)$

$\cos(\theta+\alpha)=\cos\theta\cos\alpha-\sin\theta\sin\alpha$

$\sin\alpha=\frac{1}{\sqrt{2}}$，$\cos\alpha=\frac{1}{\sqrt{2}}$ を満たす θ は　$\theta=\frac{\pi}{4}$

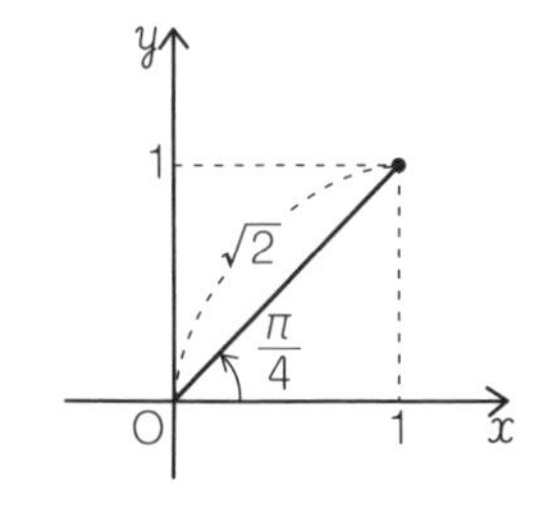

だから　$\cos\theta-\sin\theta=\sqrt{㋑\square}\cos\left(\theta+\frac{\pi}{㋒\square}\right)$

この結果と①から，求める極方程式は

$r\cos\left(\theta+\frac{\pi}{㋒\square}\right)=\sqrt{㋓\square}$　← 両辺を $\sqrt{2}$ で割った計算結果だよ！

ポイント　$r(\cos\theta-\sin\theta)=2$ も極方程式ですが，$r\cos(\theta+\alpha)$ の形のほうが r と θ の関係がよりはっきりします。

基本練習

答えは別冊 14 ページ

次のそれぞれの曲線を表す極方程式を求めよ。

(1)　楕円 $x^2+4y^2=1$

(2)　極座標が$(2,\ 0)$である点 A を中心とする半径 2 の円

もっとくわしく　始線に垂直な直線の極方程式，平行な直線の極方程式

極座標で，始線 OX 上の点 $(1,\ 0)$ を通り，始線に垂直な直線を表す方程式は，直交座標では $x=1$ ですが，これを極方程式に書き換えると

$x=1 \longrightarrow r\cos\theta=1$　すなわち　$r=\dfrac{1}{\cos\theta}$

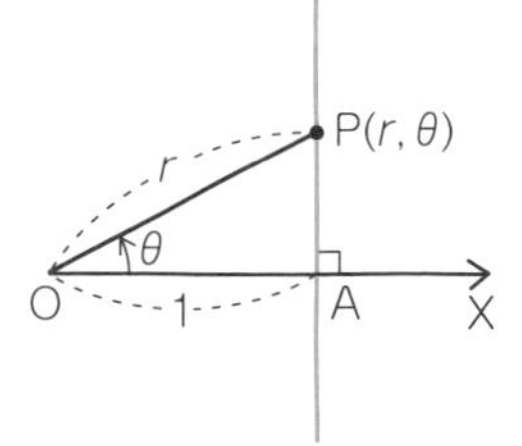

極座標で，$\left(1,\ \dfrac{\pi}{2}\right)$ を通り，始線と平行な直線を表す方程式は，直交座標では $(0,\ 1)$ を通り，x 軸に平行な直線だから $y=1$　これを極方程式に書き換えると

$y=1 \longrightarrow r\sin\theta=1$　すなわち　$r=\dfrac{1}{\sin\theta}$

53 極方程式③ 極方程式→直交座標の方程式

極方程式を直交座標の x, y の方程式で表すには，52 とは逆に，直交座標と極座標の関係を用いて，r，θ の方程式を x，y の方程式に書き換えていきます。

【極方程式 ⟶ x, y の方程式の書き換え】

極方程式 —— $\cos\theta=\dfrac{x}{r}$，$\sin\theta=\dfrac{y}{r}$ とおき，$r^2=x^2+y^2$ ⟶ 直交座標の方程式

問題 1　$r=4\cos\theta$ で表された曲線を，直交座標の方程式で表しましょう。

曲線 $r=4\cos\theta$ 上の点 P の極座標を $(r,\ \theta)$ とし，直交座標を $(x,\ y)$ として

$\cos\theta=\dfrac{x}{r}$ を代入すると　　$r=$ ㋐□ $\cos\theta=\dfrac{4x}{r}$

両辺に r を掛けると　　$r^2=4x$

一方，$r^2=x^2+y^2$ だから　　$x^2+y^2=4x$　すなわち　$x^2+y^2-4x=0$

↑見落としやすい条件！　　↑ $(x-2)^2+y^2=2^2$ で円の方程式

問題 2　極方程式 $r=\dfrac{2}{1-\cos\theta}$ で表された曲線を，直交座標の方程式で表しましょう。

曲線 $r=\dfrac{2}{1-\cos\theta}$ 上の点 P の極座標を $(r,\ \theta)$ とし，直交座標を $(x,\ y)$ とする。

$r=\dfrac{2}{1-\cos\theta}$ の両辺に $1-\cos\theta$ を掛けると

$r(1-\cos\theta)=2$　　よって　　$r-r\cos\theta=2$

$F(r,\ \theta)=0$ の式から，$r\cos\theta=x$，$r\sin\theta=y$ を用いて θ を消去するのが目標

$r\cos\theta=x$ だから　　$r-x=$ ㋑□　← r は残ってもよい。$r=\sqrt{x^2+y^2}$ だから，あとで必ず消せる！

$r^2=x^2+y^2$ だから，$r=x+2$ を $r^2=x^2+y^2$ に代入すると　← $r=x+2$ は㋑から求めた

$(x+2)^2=x^2+y^2$

すなわち　　$x^2+4x+4=x^2+y^2$

よって　$y^2=$ ㋒□ $x+$ ㋓□

基本練習

答えは別冊 15 ページ

極方程式 $r=\sin\theta-\cos\theta$ で表された曲線を，直交座標の方程式で表せ。

もっとくわしく 極方程式で表されるいろいろな曲線

x，y 座標で表された方程式が複雑であっても，極方程式を用いると簡単に表すことができます。

・アルキメデスの螺旋

$r=a\theta$ $(a>0,\ \theta\geqq0)$

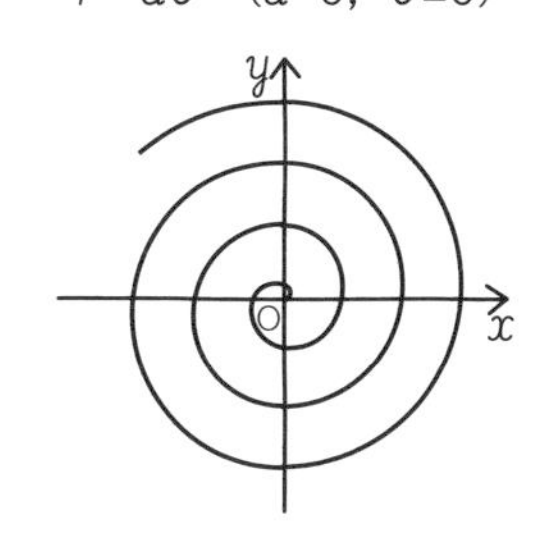

・正葉曲線

$r=k\sin n\theta$

$r=2\sin 2\theta$

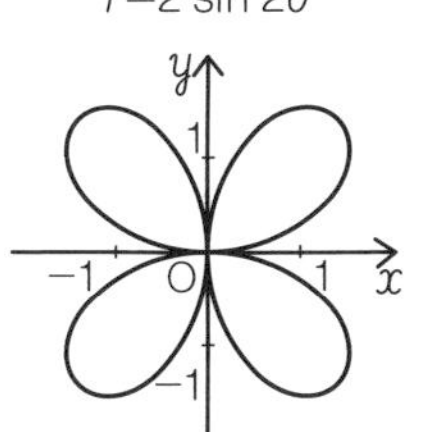

$r=2\sin 3\theta$

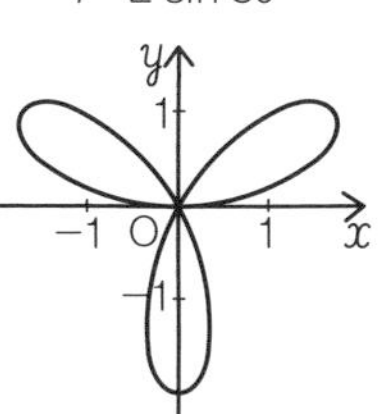

$r=2\sin 4\theta$

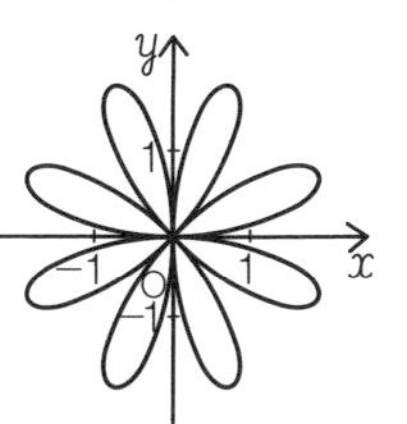

➡ 答えは別冊21〜23ページ

復習テスト 4

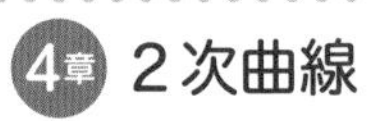
4章 2次曲線

1

次の問いに答えよ。

(1) 点(1, 1)と直線 $y=-2$ からの距離が等しい点の軌跡を表す方程式は

$$y=\frac{\boxed{\text{ア}}}{\boxed{\text{イ}}}x^2-\frac{\boxed{\text{ウ}}}{\boxed{\text{エ}}}x-\frac{\boxed{\text{オ}}}{\boxed{\text{カ}}}$$

である。

(2) 点(3, 0), (−1, 0)からの距離の和が12である点の軌跡を表す方程式は

$$\frac{(x-\boxed{\text{キ}})^2}{\boxed{\text{クケ}}}+\frac{y^2}{\boxed{\text{コサ}}}=1$$

である。

2

放物線 $C: x=\frac{1}{2}y^2+y$ について,

(1) 放物線 C は　$x=\frac{1}{2}(y+\boxed{\text{ア}})^2-\frac{\boxed{\text{イ}}}{\boxed{\text{ウ}}}$

の形に変形できて, さらに

$$(y+\boxed{\text{エ}})^2=4\cdot\frac{\boxed{\text{オ}}}{\boxed{\text{カ}}}\left(x+\frac{\boxed{\text{キ}}}{\boxed{\text{ク}}}\right)$$

の形に変形できる。

(2) 放物線 C の

焦点は　$(\boxed{\text{ケ}},\ \boxed{\text{コサ}})$, 準線は　$x=\boxed{\text{シス}}$

である。

3

双曲線 $\dfrac{x^2}{4}-y^2=1$ ……①に，点(2，2)から接線を引くとき，次の問いに答えよ。

(1) 双曲線①の漸近線の方程式は $y=\pm\dfrac{\boxed{ア}}{\boxed{イ}}x$ である。

(2) 接点が(2，0)である双曲線①の接線の方程式は，$x=\boxed{ウ}$ である。

(3) (2)で求めた接線とは異なる接線の傾きを m とすると，点(2，2)を通ることから

$y=m(x-\boxed{エ})+\boxed{オ}$

とおけて，接線 m の傾きの値は，$m=\dfrac{\boxed{カ}}{\boxed{キ}}$ である。

4

極方程式 $r=\dfrac{3}{2+\sin\theta}$ で表された曲線を C とする。曲線 C を直交座標の方程式で表すと

$\dfrac{x^2}{\boxed{ア}}+\dfrac{(y+\boxed{イ})}{\boxed{ウ}}=1$ であり，曲線 C が x 軸の正の部分と交わる点を A とすると，

$\mathrm{A}\left(\dfrac{\boxed{エ}}{\boxed{オ}},\ 0\right)$ である。さらに，点 A における曲線 C の接線の方程式は，

$y=\boxed{カキ}x+\boxed{ク}$ である。

高校数学Cをひとつひとつわかりやすく。

編集協力
小島秀男
立石英夫
株式会社　ダブルウイング
高木直子，竹田直，萩野径彦，林千珠子

カバーイラスト
坂木浩子

本文イラスト
こさかいずみ

ブックデザイン
山口秀昭（Studio Flavor）

DTP
株式会社　四国写研

高校数学Cを
ひとつひとつわかりやすく。

解答と解説

軽くのりづけされているので,
外して使いましょう。

Gakken

01 方向と大きさが決まった線分：ベクトル

6ページの答え

㋐ $\vec{c}$　㋑ $\vec{h}$　㋒ $\vec{g}$　㋓ $\vec{g}$　㋔ $\vec{e}$

7ページの答え

次の図に示したベクトルについて，あとの問いに答えよ。

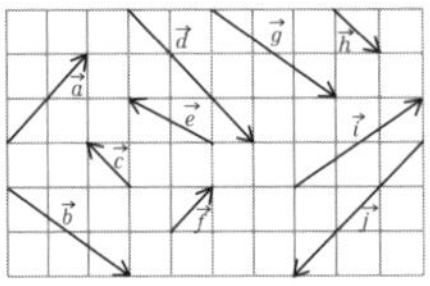

(1) $\vec{a}$と向きが同じベクトルはどれか。

$\vec{f}$

(2) $\vec{b}$と等しいベクトルはどれか。

$\vec{g}$

(3) $\vec{c}$の逆ベクトルはどれか。

$\vec{h}$

(4) $\vec{d}$と大きさが等しいベクトルはどれか。

$\vec{j}$

02 ベクトルを足してみよう

8ページの答え

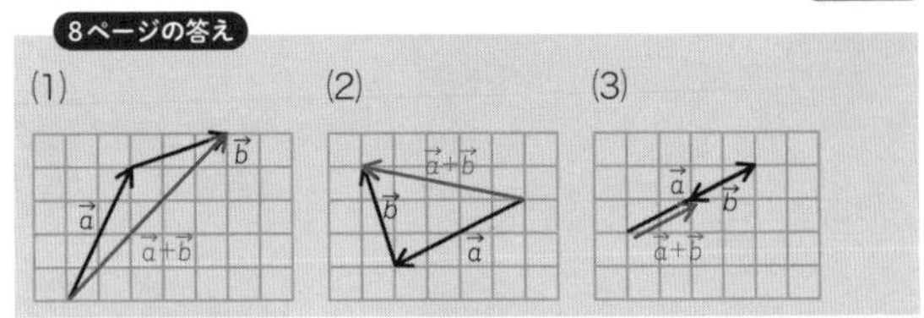

9ページの答え

$\vec{a}$，$\vec{b}$が次のように与えられるとき，和$\vec{a}+\vec{b}$を図示せよ。

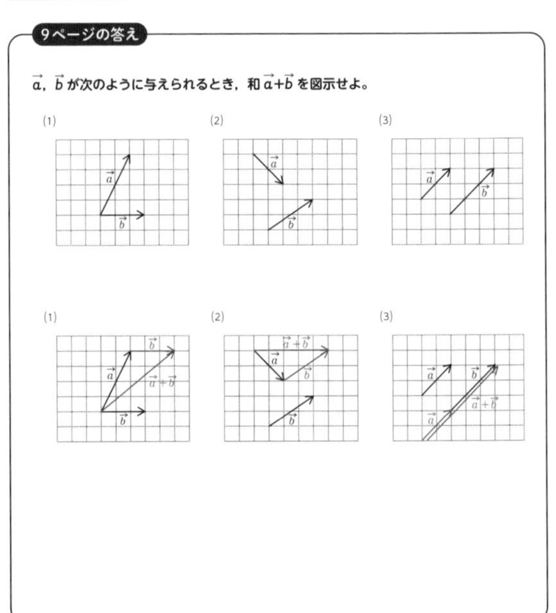

03 ベクトルを引いてみよう

10ページの答え

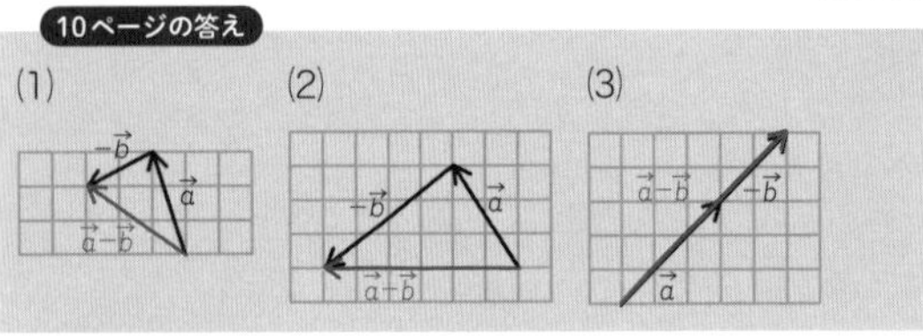

11ページの答え

$\vec{a}$，$\vec{b}$が次のように与えられるとき，差$\vec{a}-\vec{b}$を図示せよ。

(1)

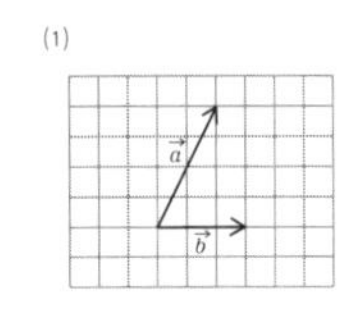

(2)

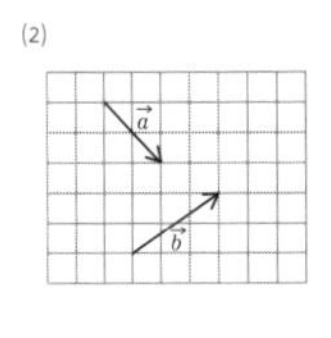

(3)

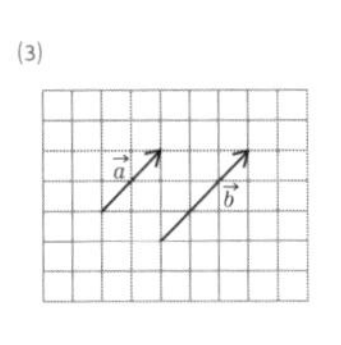

(1)

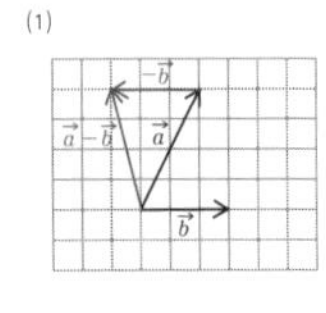

(2)

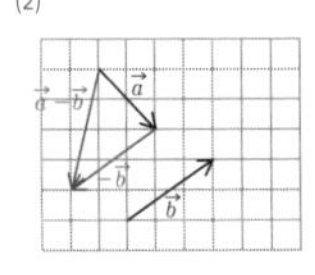

(3)

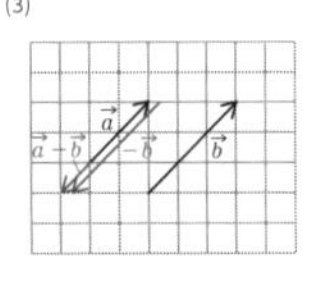

04 ベクトルの計算

12ページの答え

㋐ 2　㋑ 2　㋒ 2　㋓ 2　㋔ 3

13ページの答え

次の計算をせよ。

(1) $4\vec{a}-\vec{b}-5\vec{a}-6\vec{b}$

$=4\vec{a}-5\vec{a}-\vec{b}-6\vec{b}$

$=(4-5)\vec{a}-(1+6)\vec{b}$　← $-\vec{b}=-1\vec{b}$

$=-\vec{a}-7\vec{b}$　← $-1\vec{a}=-\vec{a}$

(2) $3(\vec{a}+\vec{b})-2(\vec{a}+2\vec{b})$

$=3\vec{a}+3\vec{b}-2\vec{a}-4\vec{b}$　← $k(\vec{a}+\vec{b})=k\vec{a}+k\vec{b}$, $k(\vec{a}+\ell\vec{b})=k\vec{a}+k\ell\vec{b}$

$=3\vec{a}-2\vec{a}+3\vec{b}-4\vec{b}$

$=(3-2)\vec{a}+(3-4)\vec{b}$

$=\vec{a}-\vec{b}$　← $1\vec{a}=\vec{a}$，$-1\vec{b}=-\vec{b}$

05 ベクトルの平行

14ページの答え

ア 2　イ 2　ウ $\frac{5}{2}$　エ $\frac{5}{2}$　オ OA　カ AB

15ページの答え

$\overrightarrow{OP}=\frac{1}{2}\overrightarrow{OA}$，$\overrightarrow{OQ}=\frac{1}{2}\overrightarrow{OB}$ であるとき，AB//PQ となることを，ベクトルを用いて確かめよ。ただし，O，A，B はいずれも異なる点とする。

$\overrightarrow{PQ}=\overrightarrow{OQ}-\overrightarrow{OP}$

$=\frac{1}{2}\overrightarrow{OB}-\frac{1}{2}\overrightarrow{OA}$

$=\frac{1}{2}(\overrightarrow{OB}-\overrightarrow{OA})$

$=\frac{1}{2}\overrightarrow{AB}$ ← $\overrightarrow{PQ}=k\overrightarrow{AB}$ が示せた！

したがって，AB//PQ である。

06 $\vec{p}$ を $\vec{a}$，$\vec{b}$ を用いて表す

16ページの答え

ア 2　イ −2

17ページの答え

右の図の正六角形 ABCDEF について，対角線の交点を O とする。$\overrightarrow{OC}=\vec{c}$，$\overrightarrow{OD}=\vec{d}$ とするとき，次のベクトルを $\vec{c}$，$\vec{d}$ を用いて表せ。

(1) $\overrightarrow{AB}$

正六角形 ABCDEF において，O と各頂点を結んでできる 6 つの三角形はすべて合同な正三角形である。 ← 既知の事項として扱ってよい

四角形 ABCO は 4 つの辺が等しいのでひし形であるから

AB//OC　かつ　AB=OC

よって　$\overrightarrow{AB}=\overrightarrow{OC}=\vec{c}$

(2) $\overrightarrow{AE}$

$\overrightarrow{AE}=\overrightarrow{AD}+\overrightarrow{DE}$

ここで　$\overrightarrow{AD}=2\vec{d}$，$\overrightarrow{DE}=-\overrightarrow{OC}=-\vec{c}$ だから

$\overrightarrow{AE}=\overrightarrow{AD}+\overrightarrow{DE}$

$=2\vec{d}-\vec{c}$

(3) $\overrightarrow{CE}$

$\overrightarrow{CE}=\overrightarrow{CD}+\overrightarrow{DE}=\overrightarrow{CO}+\overrightarrow{OD}+\overrightarrow{DE}$

ここで　$\overrightarrow{CO}=\overrightarrow{DE}=-\vec{c}$ だから

$\overrightarrow{CE}=-\vec{c}+\vec{d}-\vec{c}$

$=-2\vec{c}+\vec{d}$

07 ベクトルの分解

18ページの答え

ア 3　イ 2　ウ 2　エ 3　オ 3　カ 4　キ 3

19ページの答え

$\vec{0}$ でない 2 つのベクトル $\vec{a}$ と $\vec{b}$ が平行でないとき，$\vec{p}=3\vec{a}+2\vec{b}$，$\vec{q}=s\vec{a}+t\vec{b}$ について次の問いに答えよ。

(1) $\vec{p}=\vec{q}$ のとき，s，t の値をそれぞれ求めよ。

$\vec{p}=\vec{q}$ だから

$3\vec{a}+2\vec{b}=s\vec{a}+t\vec{b}$

$\vec{a}$，$\vec{b}$ は $\vec{0}$ でも平行でもないから

$s=3$，$t=2$

(2) $\vec{p}+\vec{q}=\vec{0}$ のとき，s，t の値をそれぞれ求めよ。

$\vec{p}+\vec{q}=(3\vec{a}+2\vec{b})+(s\vec{a}+t\vec{b})$

$=3\vec{a}+s\vec{a}+2\vec{b}+t\vec{b}$

$=(3+s)\vec{a}+(2+t)\vec{b}$

これが $\vec{0}$ に等しいから

$(3+s)\vec{a}+(2+t)\vec{b}=\vec{0}$

$\vec{a}$，$\vec{b}$ は $\vec{0}$ でも平行でもないから

$3+s=0$，$2+t=0$

よって　$s=-3$，$t=-2$

08 ベクトルを成分で表そう

20ページの答え

ア 2　イ 2　ウ 2　エ 29　オ 6　カ 6　キ 8　ク 3

21ページの答え

次の問いに答えよ。

(1) $\vec{a}=(4,\ -3)$，$\vec{b}=(-1,\ 2)$ のとき，$2\vec{a}-\vec{b}$ を成分表示せよ。

$2\vec{a}-\vec{b}=2(4,\ -3)-(-1,\ 2)$

$=(8,\ -6)-(-1,\ 2)$

$=(9,\ -8)$

(2) $\vec{a}=(-2,\ -1)$，$\vec{b}=(6,\ x)$ が平行になるように，x の値を定めよ。

$\vec{a}$ と $\vec{b}$ が平行になるとき，$\vec{b}=k\vec{a}$ を満たす実数 k が存在する。 ← $\vec{a}=k\vec{b}$ としてもよい

したがって　$(6,\ x)=k(-2,\ -1)$

よって　$6=-2k$，$x=-k$

$k=-3$ となるから　$x=3$

09 ベクトルの分解と成分

22ページの答え

ア 2　イ 3　ウ 2　エ 3　オ 5　カ 1　キ 2　ク 2

23ページの答え

$\vec{a}=(3,\ -1)$，$\vec{b}=(-1,\ 2)$ のとき，$\vec{c}=(3,\ 4)$ を $\vec{c}=m\vec{a}+n\vec{b}$ の形で表せ。

$\vec{a}=(3,\ -1)$，$\vec{b}=(-1,\ 2)$ のとき

$$m\vec{a}+n\vec{b}=m(3,\ -1)+n(-1,\ 2)$$
$$=(3m,\ -m)+(-n,\ 2n)$$
$$=(3m-n,\ -m+2n)$$

これが　$\vec{c}=(3,\ 4)$　に等しいから

$$\begin{cases}3m-n=3\\-m+2n=4\end{cases}$$

これを解いて　$m=2,\ n=3$

よって　$\vec{c}=2\vec{a}+3\vec{b}$

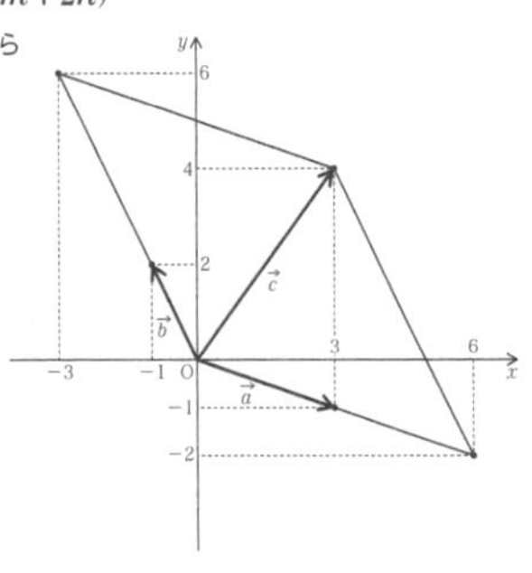

10 ベクトルの内積

24ページの答え

ア 3　イ 2　ウ 3　エ 4　オ 3　カ 6

25ページの答え

右の図の三角形において，次の内積をそれぞれ求めよ。

(1) $\overrightarrow{AB}\cdot\overrightarrow{AC}$

$|\overrightarrow{AB}|=2,\ |\overrightarrow{AC}|=2,\ \angle BAC=60^\circ$

よって　$\overrightarrow{AB}\cdot\overrightarrow{AC}=|\overrightarrow{AB}||\overrightarrow{AC}|\cos 60^\circ$

$$=2\times2\times\frac{1}{2}=2$$

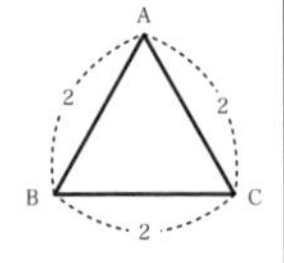

(2) $\overrightarrow{EF}\cdot\overrightarrow{FG}$

$\overrightarrow{EF}$ と $\overrightarrow{FG}$ は始点が一致しないので，$\overrightarrow{EF}$ の始点 E と，$\overrightarrow{FG}$ の始点 F が一致するように，$\overrightarrow{EF}$ を始点が F の位置にくるように平行移動する。

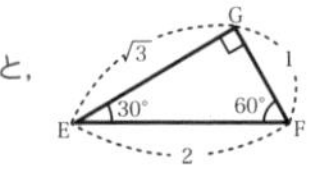

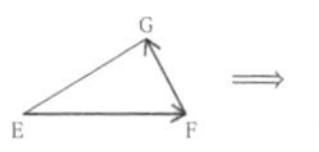

したがって，$\overrightarrow{EF}$ と $\overrightarrow{FG}$ のなす角は　$180^\circ-60^\circ=120^\circ$

$|\overrightarrow{EF}|=2,\ |\overrightarrow{FG}|=1$ だから

$$\overrightarrow{EF}\cdot\overrightarrow{FG}=|\overrightarrow{EF}||\overrightarrow{FG}|\cos 120^\circ$$
$$=2\times1\times\left(-\frac{1}{2}\right)=-1$$

11 成分による内積の表示

26ページの答え

ア 3　イ 3　ウ 3　エ 3　オ 3　カ 2　キ 5　ク 5　ケ 5　コ 5　サ 5　シ 45

27ページの答え

次の 2 つのベクトル $\vec{a}$，$\vec{b}$ のなす角 θ を求めよ。

(1) $\vec{a}=(2,\ 1)$，$\vec{b}=(-3,\ 1)$

このとき

$$\vec{a}\cdot\vec{b}=2\times(-3)+1\times1=-5$$
$$|\vec{a}|=\sqrt{2^2+1^2}=\sqrt{5}$$
$$|\vec{b}|=\sqrt{(-3)^2+1^2}=\sqrt{10}$$

であるから　$\cos\theta=\dfrac{\vec{a}\cdot\vec{b}}{|\vec{a}||\vec{b}|}=\dfrac{-5}{\sqrt{5}\times\sqrt{10}}=\dfrac{-5}{5\sqrt{2}}=-\dfrac{1}{\sqrt{2}}$

$0^\circ\leqq\theta\leqq180^\circ$ より　$\theta=135^\circ$

(2) $\vec{a}=(3,\ -1)$，$\vec{b}=(2,\ 6)$

このとき

$$\vec{a}\cdot\vec{b}=3\times2+(-1)\times6=0$$
$$|\vec{a}|=\sqrt{3^2+(-1)^2}=\sqrt{10}\neq0$$
$$|\vec{b}|=\sqrt{2^2+6^2}=\sqrt{40}\neq0$$

であるから

$$\cos\theta=\frac{\vec{a}\cdot\vec{b}}{|\vec{a}||\vec{b}|}=\frac{0}{\sqrt{10}\sqrt{40}}=0$$　← $\vec{a}\neq\vec{0}$，$\vec{b}\neq\vec{0}$ のとき $\cos\theta=0$

$0^\circ\leqq\theta\leqq180^\circ$ より　$\theta=90^\circ$

12 内積=0 とベクトルの垂直

28ページの答え

ア 0　イ 1　ウ 4　エ 0

29ページの答え

2 つのベクトル $\vec{a}=(1,\ 2)$，$\vec{b}=(1,\ -1)$ がある。$\vec{a}+\vec{b}$ と $\vec{a}+t\vec{b}$ の 2 つのベクトルが垂直であるとき，t の値を求めよ。

$\vec{a}+\vec{b}$ と $\vec{a}+t\vec{b}$ が垂直だから

$$(\vec{a}+\vec{b})\cdot(\vec{a}+t\vec{b})=0$$
$$\vec{a}+\vec{b}=(1,\ 2)+(1,\ -1)=(2,\ 1)$$
$$\vec{a}+t\vec{b}=(1,\ 2)+t(1,\ -1)=(1+t,\ 2-t)$$

だから

$$(\vec{a}+\vec{b})\cdot(\vec{a}+t\vec{b})=2(1+t)+1\times(2-t)$$
$$=2+2t+2-t$$
$$=t+4$$

よって　$t+4=0$

$t=-4$

13 内積を計算してみよう

30ページの答え

ア9　イ6　ウ2　エ3　オ27　カ3　キ3　ク2
ケ3　コ9　サ6

31ページの答え

次の問いに答えよ。

(1) $|\vec{a}|=4$, $|\vec{b}|=3$, $\vec{a}\cdot\vec{b}=-2$ のとき，$|\vec{a}+\vec{b}|$ の値を求めよ。

$|\vec{a}+\vec{b}|^2=|\vec{a}|^2+2\vec{a}\cdot\vec{b}+|\vec{b}|^2$　← $|\vec{a}|^2=\vec{a}\cdot\vec{a}$, $\vec{a}\cdot\vec{b}=\vec{b}\cdot\vec{a}$

$=4^2+2\times(-2)+3^2=21$

よって　$|\vec{a}+\vec{b}|\geqq 0$　であるから　$|\vec{a}+\vec{b}|=\sqrt{21}$

(2) $|\vec{a}|=2$, $|\vec{b}|=4$, $|\vec{a}-\vec{b}|=6$ のとき，$\vec{a}\cdot\vec{b}$ の値を求めよ。

$|\vec{a}-\vec{b}|^2=36$　より　← $|\vec{a}-\vec{b}|$ を2乗することで，$\vec{a}\cdot\vec{b}$ が現れる

$|\vec{a}-\vec{b}|^2=|\vec{a}|^2-2\vec{a}\cdot\vec{b}+|\vec{b}|^2=36$

$2^2-2\vec{a}\cdot\vec{b}+4^2=36$

よって　$\vec{a}\cdot\vec{b}=-8$

14 位置ベクトル，内分点と外分点

32ページの答え

ア2　イ2　ウ2　エ3　オ−1　カ1　キ3　ク2

33ページの答え

3点 $A(\vec{a})$, $B(\vec{b})$, $C(\vec{c})$ を頂点とする△ABCについて，次の問いに答えよ。

(1) 辺ABの中点をLとするとき，点Lの位置ベクトル $\vec{l}$ を求めよ。

点LはABを $1:1$ に内分する点だから，

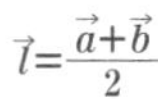

$\vec{l}=\dfrac{\vec{a}+\vec{b}}{2}$

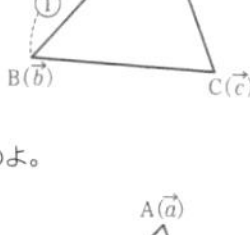

(2) △ABCの重心をGとするとき，点Gの位置ベクトル $\vec{g}$ を求めよ。

重心Gは中線CLを $2:1$ に内分するから，点Gの位置ベクトル $\vec{g}$ は

$$\vec{g}=\frac{1\cdot\vec{c}+2\cdot\dfrac{\vec{a}+\vec{b}}{2}}{2+1}=\frac{\vec{a}+\vec{b}+\vec{c}}{3}$$

15 3点が同一直線上にある条件

34ページの答え

ア同じ　イ反対　ウ3

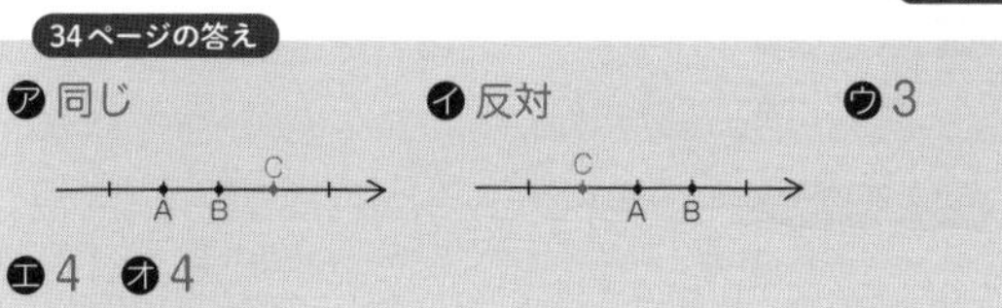

エ4　オ4

35ページの答え

平行四辺形OABCにおいて，対角線ACを3：2に内分する点をD，辺BCを1：2に内分する点をEとする。

(1) $\overrightarrow{OA}=\vec{a}$, $\overrightarrow{OC}=\vec{c}$ として，$\overrightarrow{OD}$, $\overrightarrow{OE}$ を $\vec{a}$, $\vec{c}$ を用いて表せ。

$\overrightarrow{OA}=\vec{a}$, $\overrightarrow{OC}=\vec{c}$ とするとき，

点Dは対角線ACを $3:2$ に内分する点であるから

$$\overrightarrow{OD}=\frac{2\overrightarrow{OA}+3\overrightarrow{OC}}{3+2}=\frac{2\vec{a}+3\vec{c}}{5}$$

点Eは辺BCを $1:2$ に内分する点であるから

$$\overrightarrow{OE}=\frac{2\overrightarrow{OB}+\overrightarrow{OC}}{1+2}=\frac{2(\vec{a}+\vec{c})+\vec{c}}{3}=\frac{2\vec{a}+3\vec{c}}{3}$$

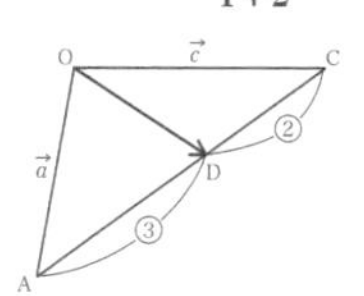

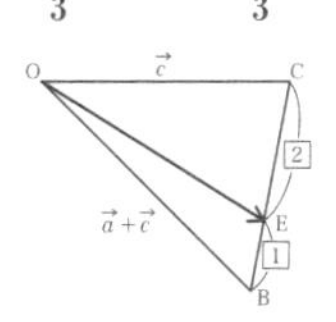

(2) 3点O，D，Eは同一直線上にあることを証明せよ。

(1)より　$\overrightarrow{OE}=\dfrac{5}{3}\overrightarrow{OD}$

よって，3点O，D，Eは同一直線上にある。

16 ベクトルを2通りに表すと

36ページの答え

ア $1-s$　イ $1-t$　ウ $\dfrac{1}{2}$　エ $\dfrac{1}{4}$

37ページの答え

△OABにおいて，辺OAを2：3に内分する点をC，辺OBを4：3に内分する点をDとし，線分ADとBCの交点をPとする。
$\overrightarrow{OA}=\vec{a}$, $\overrightarrow{OB}=\vec{b}$ とするとき，$\overrightarrow{OP}$ を $\vec{a}$, $\vec{b}$ を用いて表せ。

$OC:CA=2:3$, $OD:DB=4:3$ であるから，

$\overrightarrow{OC}=\dfrac{2}{5}\overrightarrow{OA}=\dfrac{2}{5}\vec{a}$, $\overrightarrow{OD}=\dfrac{4}{7}\overrightarrow{OB}=\dfrac{4}{7}\vec{b}$

$AP:PD=s:(1-s)$ とすると

$\overrightarrow{OP}=(1-s)\overrightarrow{OA}+s\overrightarrow{OD}$

$=(1-s)\vec{a}+\dfrac{4}{7}s\vec{b}$　……①

$BP:PC=t:(1-t)$ とすると

$\overrightarrow{OP}=t\overrightarrow{OC}+(1-t)\overrightarrow{OB}$

$=\dfrac{2}{5}t\vec{a}+(1-t)\vec{b}$　……②

$\vec{a}\neq\vec{0}$, $\vec{b}\neq\vec{0}$ で，$\vec{a}$ と $\vec{b}$ は平行でないから，$\overrightarrow{OP}$ の $\vec{a}$, $\vec{b}$ を用いた表し方はただ1通りである。

①，②より　$1-s=\dfrac{2}{5}t$, $\dfrac{4}{7}s=1-t$

これを解いて，$s=\dfrac{7}{9}$, $t=\dfrac{5}{9}$　　よって　$\overrightarrow{OP}=\dfrac{2}{9}\vec{a}+\dfrac{4}{9}\vec{b}$

17 直線のベクトル方程式と成分表示

本文 38・39 ページ

38ページの答え

ア 1　イ 2　ウ 2　エ 1　オ 2　カ 1　キ 2　ク 2

39ページの答え

次の問いに答えよ。

(1) 点 $A(2,\ -1)$ を通り，$\vec{u}=(-3,\ 2)$ に平行な直線の方程式を媒介変数 t を用いて表せ。

点 $A(2,\ -1)$ を通り，$\vec{u}=(-3,\ 2)$ に平行な直線は，
方向ベクトルが $\vec{u}=(-3,\ 2)$ であるから，この直線上の点 $P(x,\ y)$ について

$$(x,\ y)=(2,\ -1)+t(-3,\ 2)$$
$$=(2-3t,\ -1+2t)$$

よって，直線の媒介変数表示は $\begin{cases} x=2-3t \\ y=-1+2t \end{cases}$

(2) 点 $(4,\ 1)$ を通り，$\vec{u}=(2,\ 3)$ に平行な直線の方程式が $3(x-4)-2(y-1)=0$ となることを媒介変数 t を用いて確かめよ。

求める直線上の点を $(x,\ y)$ とすると

$$(x,\ y)=(4,\ 1)+t(2,\ 3)$$

よって $\begin{cases} x=4+2t & \cdots\cdots① \\ y=1+3t & \cdots\cdots② \end{cases}$

①より　$t=\dfrac{x-4}{2}$

②より　$t=\dfrac{y-1}{3}$

よって　$\dfrac{x-4}{2}=\dfrac{y-1}{3}$

したがって　$3(x-4)-2(y-1)=0$

18 異なる2点を通る直線

本文 40・41 ページ

40ページの答え

ア $\vec{d}-\vec{c}$　イ t　ウ $1-t$

41ページの答え

異なる 2 点 $A(\vec{a})$，$B(\vec{b})$ を通る直線 AB のベクトル方程式
$\vec{p}=s\vec{a}+t\vec{b}$，$s+t=1$
において，s，t の値の範囲が次のとき，直線 AB 上の点 P の存在範囲を求めよ。

(1) $s\geqq 0$，$t\geqq 0$

点 P は線分 AB 上にある。ただし，点 A，点 B を含む。

参考　$s+t=1$ より，$s=0$ のとき $t=1$，$s=1$ のとき $t=0$ だから

$$\vec{p}=s\vec{a}+t\vec{b}=\frac{s\vec{a}+t\vec{b}}{t+s}$$

つまり，点 P は線分 AB を $t:s$ に内分し，点 A，B を含む。

(2) $s>0$，$t>0$

点 P は線分 AB 上にある。ただし，2 点 A，B を除く。

(3) $s+t=1$（s，t の範囲の指示がない）

点 P は直線 AB 上にある。

参考　$s+t=1$ より，s と t が同時に 0 とならず，それぞれ負の値もとるから　$\vec{p}=s\vec{a}+t\vec{b}=\dfrac{s\vec{a}+t\vec{b}}{t+s}$

すなわち，点 P は線分 AB を外分する点も表す。
したがって，点 P は直線 AB 上にある。

19 ベクトル方程式の見方・考え方

本文 42・43 ページ

42ページの答え

ア 1

43ページの答え

△ABC に関して，ある点 P が $\overrightarrow{AP}+\overrightarrow{BP}+3\overrightarrow{CP}=\vec{0}$ を満たすとき，次の問いに答えよ。

(1) $\overrightarrow{AP}$ を，$\overrightarrow{AB}$，$\overrightarrow{AC}$ を用いて表せ。

$\overrightarrow{AP}+\overrightarrow{BP}+3\overrightarrow{CP}=\vec{0}$ を A を始点として書き換えると

$$\overrightarrow{AP}+(\overrightarrow{AP}-\overrightarrow{AB})+3(\overrightarrow{AP}-\overrightarrow{AC})=\vec{0}$$
$$5\overrightarrow{AP}-\overrightarrow{AB}-3\overrightarrow{AC}=\vec{0}$$

したがって　$\overrightarrow{AP}=\dfrac{1}{5}\overrightarrow{AB}+\dfrac{3}{5}\overrightarrow{AC}$

(2) P はどのような点か調べよ。

$$\overrightarrow{AP}=\frac{1}{5}\overrightarrow{AB}+\frac{3}{5}\overrightarrow{AC}=\frac{1}{5}(\overrightarrow{AB}+3\overrightarrow{AC})$$
$$=\frac{1}{5}\cdot 4\left(\frac{1}{4}\overrightarrow{AB}+\frac{3}{4}\overrightarrow{AC}\right)=\frac{4}{5}\cdot\frac{\overrightarrow{AB}+3\overrightarrow{AC}}{3+1}$$

$\dfrac{\overrightarrow{AB}+3\overrightarrow{AC}}{3+1}$ は，辺 BC を $3:1$ に内分する点を表しているので，この点を Q とおくと

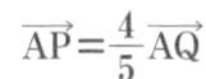
$$\overrightarrow{AP}=\frac{4}{5}\overrightarrow{AQ}$$

点 P は線分 AQ を $4:1$ に内分する点である。

20 内積で表されるベクトル方程式

本文 44・45 ページ

44ページの答え

ア 1　イ 2　ウ 2　エ 10

45ページの答え

次の問いに答えよ。

(1) 点 $A(1,\ 4)$ を通り，$\vec{n}=(5,\ -3)$ に垂直な直線の方程式を求めよ。

求める直線を ℓ，直線 ℓ 上の点を $P(x,\ y)$ とおくと

$$\overrightarrow{AP}=(x-1,\ y-4)$$

$\vec{n}\perp\overrightarrow{AP}$ だから

$$5(x-1)-3(y-4)=0$$
$$5x-3y+7=0$$

(2) 直線 $y=2x+3$ を ℓ とし，点 $A(5,\ 5)$ を通り，直線 ℓ と垂直な直線を m とする。このとき，2 直線 ℓ と m の交点 P の座標を求めよ。

直線 ℓ の方向ベクトルの 1 つは　$\vec{u}=(1,\ 2)$　← $y=2x+3$ は x が 1 増加すると y は 2 増加する

また，P は直線 ℓ 上の点だから，その座標は，実数 t を用いて $(t,\ 2t+3)$ とおくことができる。

$$\overrightarrow{AP}=(t-5,\ 2t+3-5)=(t-5,\ 2t-2)$$

点 $(5,\ 5)$ と点 P を結ぶ線分は，直線 ℓ に垂直だから

$$1\times(t-5)+2\times(2t-2)=0$$　← $\vec{u}\cdot\overrightarrow{AP}=0$

よって　$5t=9$　$t=\dfrac{9}{5}$　したがって　$P\left(\dfrac{9}{5},\ \dfrac{33}{5}\right)$

21 空間の点を x, y, z 座標で表そう

48ページの答え

㋐1　㋑3　㋒3　㋓2

49ページの答え

空間における点 P(2, 4, 5) に対して，次の点の座標を求めよ。

(1)　yz 平面に関して対称な点 A

点 A の座標を $(x,\ y,\ z)$ とすると，点 P と点 A の x 座標の符号が異なり，y 座標と z 座標はそれぞれ等しいから

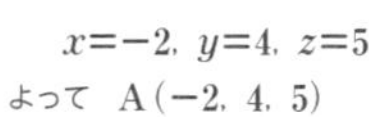

$x=-2,\ y=4,\ z=5$

よって　A$(-2,\ 4,\ 5)$

(2)　y 軸に関して対称な点 B

点 B の座標を $(x,\ y,\ z)$ とすると，点 P と点 B の y 座標は等しく，x 座標，z 座標はそれぞれ符号が異なるから

$x=-2,\ y=4,\ z=-5$

よって　B$(-2,\ 4,\ -5)$

22 空間における2点間の距離

50ページの答え

㋐3　㋑14　㋒14

51ページの答え

次の空間座標についての問いに答えよ。

(1)　点 A(9, 2, 2) と点 B(3, 5, 4) 間の距離を求めよ。

$$\mathrm{AB}=\sqrt{(3-9)^2+(5-2)^2+(4-2)^2}$$
$$=\sqrt{(-6)^2+3^2+2^2}$$
$$=\sqrt{49}$$
$$=7$$

(2)　原点 O と点 P(2, 4, 5) 間の距離を求めよ。

$$\mathrm{OP}=\sqrt{2^2+4^2+5^2}$$
$$=\sqrt{45}$$
$$=3\sqrt{5}$$

23 空間のベクトル

52ページの答え

㋐a　㋑c　㋒b

53ページの答え

右の図の平行六面体 ABCD−EFGH において，$\overrightarrow{\mathrm{AB}}=\vec{a}$，$\overrightarrow{\mathrm{AD}}=\vec{b}$，$\overrightarrow{\mathrm{AE}}=\vec{c}$ とするとき，次のベクトルを $\vec{a}$，$\vec{b}$，$\vec{c}$ を用いて表せ。

(1)　$\overrightarrow{\mathrm{BH}}=\overrightarrow{\mathrm{BA}}+\overrightarrow{\mathrm{AD}}+\overrightarrow{\mathrm{DH}}$　← $\overrightarrow{\mathrm{BA}}=-\overrightarrow{\mathrm{AB}}=-\vec{a}$

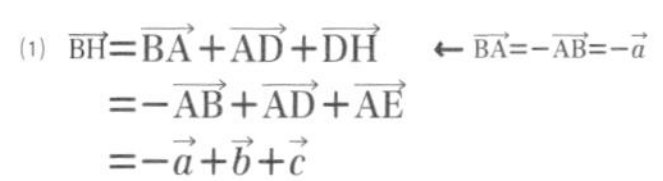

$=-\overrightarrow{\mathrm{AB}}+\overrightarrow{\mathrm{AD}}+\overrightarrow{\mathrm{AE}}$

$=-\vec{a}+\vec{b}+\vec{c}$

(2)　$\overrightarrow{\mathrm{CE}}=\overrightarrow{\mathrm{CB}}+\overrightarrow{\mathrm{BA}}+\overrightarrow{\mathrm{AE}}$

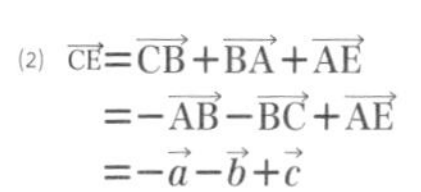

$=-\overrightarrow{\mathrm{AB}}-\overrightarrow{\mathrm{BC}}+\overrightarrow{\mathrm{AE}}$

$=-\vec{a}-\vec{b}+\vec{c}$

24 空間図形をベクトル成分で表そう

54ページの答え

㋐6　㋑1　㋒0　㋓1　㋔2　㋕8　㋖4

55ページの答え

次の問いに答えよ。

(1)　2点 A(4, −3, 2)，B(7, 1, −3) について，$\overrightarrow{\mathrm{AB}}$ を成分表示し，$|\overrightarrow{\mathrm{AB}}|$ を求めよ。

$$\overrightarrow{\mathrm{AB}}=(7-4,\ 1-(-3),\ -3-2)$$
$$=(3,\ 4,\ -5)$$
$$|\overrightarrow{\mathrm{AB}}|=\sqrt{3^2+4^2+(-5)^2}$$
$$=\sqrt{50}=5\sqrt{2}$$

(2)　2つのベクトル $\vec{a}=(3,\ 2,\ -5)$，$\vec{b}=(x-3,\ y+2,\ -z+3)$ が等しくなるように，x，y，z の値を求めよ。

$$\begin{cases}3=x-3\\2=y+2\\-5=-z+3\end{cases}\quad \text{より}\quad \begin{cases}x=6\\y=0\\z=8\end{cases}$$

25 空間図形とベクトルの大きさ

56ページの答え

ア 2　イ 2　ウ 36　エ 9　オ 2　カ 2　キ 4

57ページの答え

$\vec{a}=(2,\ \sqrt{3},\ -3)$ と平行で，大きさが 8 のベクトルを求めよ。

求めるベクトルを $\vec{p}=(x,\ y,\ z)$ とする。

$\vec{p}/\!/\vec{a}$ より，実数 k を用いると，

$$(x,\ y,\ z)=k(2,\ \sqrt{3},\ -3)$$

とすることができる。

したがって，$x=2k,\ y=\sqrt{3}k,\ z=-3k$ ……①

$|\vec{p}|=8$ より $\sqrt{x^2+y^2+z^2}=8$

すなわち $x^2+y^2+z^2=64$ ……②

①を②に代入して

$$(2k)^2+(\sqrt{3}k)^2+(-3k)^2=64$$
$$16k^2=64$$
$$k^2=4$$
$$k=\pm2$$

よって，求めるベクトルは，$(4,\ 2\sqrt{3},\ -6)$，$(-4,\ -2\sqrt{3},\ 6)$

26 空間ベクトルの分解

58ページの答え

ア 2　イ 0　ウ 2　エ 2　オ 2　カ 5　キ 1　ク 3
ケ 3　コ 2

59ページの答え

$\vec{a}=(1,\ 2,\ 1)$，$\vec{b}=(1,\ -2,\ 0)$，$\vec{c}=(0,\ -1,\ 2)$ のとき，$\vec{p}=(-1,\ 4,\ 5)$ を $\vec{p}=l\vec{a}+m\vec{b}+n\vec{c}$ の形で表せ。

$\vec{p}=l\vec{a}+m\vec{b}+n\vec{c}$ の両辺を成分で表すと

$$(-1,\ 4,\ 5)=l(1,\ 2,\ 1)+m(1,\ -2,\ 0)+n(0,\ -1,\ 2)$$
$$=(l,\ 2l,\ l)+(m,\ -2m,\ 0)+(0,\ -n,\ 2n)$$
$$=(l+m,\ 2l-2m-n,\ l+2n)$$

したがって $\begin{cases} -1=l+m & \cdots\cdots① \\ 4=2l-2m-n & \cdots\cdots② \\ 5=l+2n & \cdots\cdots③ \end{cases}$

②×2＋③から $5l-4m=13$ ……④ ← $\begin{array}{r} 8=4l-4m-2n \\ +)\ 5=l\qquad\ +2n \\ \hline 13=5l-4m \end{array}$

①，④を解くと $l=1,\ m=-2$ ← ①×4＋④から m を消去

$l=1$ を③に代入して $n=2$

よって $\vec{p}=\vec{a}-2\vec{b}+2\vec{c}$

27 空間ベクトルの内積

60ページの答え

ア 90　イ 0　ウ 60　エ 2　オ 4　カ 7　キ 2　ク 60

61ページの答え

2つのベクトル $\vec{a}=(-2,\ 1,\ 2)$，$\vec{b}=(-1,\ 1,\ 0)$ について，次の問いに答えよ。

(1) 内積 $\vec{a}\cdot\vec{b}$ を求めよ。

$$\vec{a}\cdot\vec{b}=-2\times(-1)+1\times1+2\times0=3$$

(2) $\vec{a}$ と $\vec{b}$ のなす角 θ を求めよ。

$$\cos\theta=\frac{\vec{a}\cdot\vec{b}}{|\vec{a}||\vec{b}|}=\frac{3}{\sqrt{(-2)^2+1^2+2^2}\sqrt{(-1)^2+1^2+0^2}}$$
$$=\frac{3}{3\times\sqrt{2}}=\frac{1}{\sqrt{2}}$$

$0^\circ\leqq\theta\leqq180^\circ$ であるから $\theta=45^\circ$

28 空間の位置ベクトル

62ページの答え

ア 2　イ 2　ウ 2　エ 2　オ 3　カ 2　キ 1

63ページの答え

平行六面体 ABCD−EFGH において，△CFH の重心を P とするとき，点 P は対角線 AG 上にあることを証明せよ。

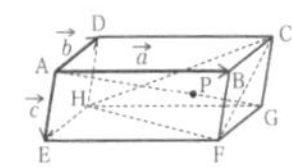

$\overrightarrow{AB}=\vec{a},\ \overrightarrow{AD}=\vec{b},\ \overrightarrow{AE}=\vec{c}$ とすると

$$\overrightarrow{AG}=\overrightarrow{AB}+\overrightarrow{BC}+\overrightarrow{CG}=\vec{a}+\vec{b}+\vec{c}$$

また，点 P は△CFH の重心であるから

$$\overrightarrow{AP}=\frac{1}{3}(\overrightarrow{AC}+\overrightarrow{AF}+\overrightarrow{AH})$$
$$=\frac{1}{3}\{(\vec{a}+\vec{b})+(\vec{a}+\vec{c})+(\vec{b}+\vec{c})\}$$
$$=\frac{1}{3}(2\vec{a}+2\vec{b}+2\vec{c})$$
$$=\frac{2}{3}(\vec{a}+\vec{b}+\vec{c})$$

したがって $\overrightarrow{AP}=\frac{2}{3}\overrightarrow{AG}$

よって，点 P は対角線 AG 上にある。

29 球面の方程式

64ページの答え

ア 3　イ 3

65ページの答え

2点A(0, 1, 4), B(2, −1, 2) を直径の両端とする球の方程式を求めよ。

2点A, Bの中点の座標は $\left(\frac{0+2}{2}, \frac{1+(-1)}{2}, \frac{4+2}{2}\right)$ より　$(1, 0, 3)$

したがって，球の半径は　$\sqrt{(0-1)^2+(1-0)^2+(4-3)^2}=\sqrt{3}$

よって，求める球の方程式は

$(x-1)^2+(y-0)^2+(z-3)^2=(\sqrt{3})^2$

すなわち　$(x-1)^2+y^2+(z-3)^2=3$

30 複素数平面

68ページの答え

ア $2-2i$　イ $-2+2i$　ウ $-2-2i$

69ページの答え

$z=3-2i$ のとき，複素数平面上に点 z をとって，z と x 軸に関して対称な点を P，z と y 軸に関して対称な点を Q，z と原点に関して対称な点を R とするとき，3点 P，Q，R を表す複素数を求めよ。

複素数平面上に，

z と x 軸に関して対称な点 P

z と y 軸に関して対称な点 Q

z と原点に関して対称な点 R

を図示すると，下の図のようになる。

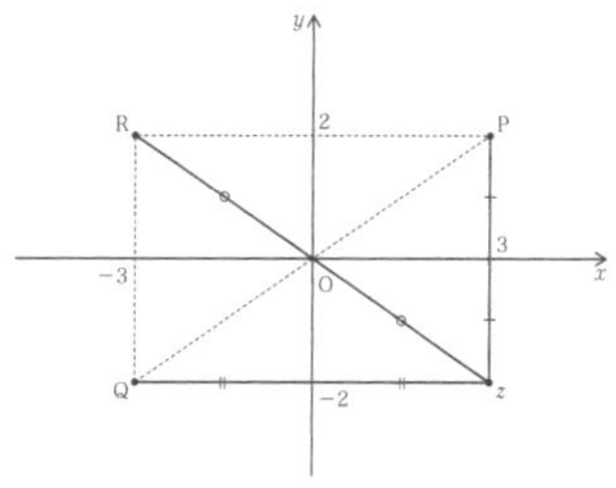

したがって　$P(3+2i)$，$Q(-3-2i)$，$R(-3+2i)$

31 複素数の和・差，実数倍

70ページの答え

ア α　イ $1+k$　ウ -1　エ -2

71ページの答え

3点O，$\alpha=2-i$，$\beta=3+xi$ が同一直線上にあるとき，実数 x の値を求めよ。

3点O，α，β が同一直線上にあることから，

$\beta=k\alpha$ を満たす実数 k が存在するから

$3+xi=k(2-i)$

すなわち　$(3-2k)+(x+k)i=0$

k，x は実数だから

$3-2k=0$　かつ　$x+k=0$

よって　$k=\frac{3}{2}$，$x=-\frac{3}{2}$

32 絶対値と2点間の距離

72ページの答え

ア $-3+4i$　イ -3　ウ $2-3i$

73ページの答え

次の2点間の距離を求めよ。

(1)　$A(4+i)$，$B(-2i)$

$\alpha=4+i$，$\beta=-2i$ とおくと

$AB=|\beta-\alpha|$　← $AB=|\alpha-\beta|$ としてもよい

$=|-2i-(4+i)|$

$=|-4-3i|$

$=\sqrt{(-4)^2+(-3)^2}$

$=\sqrt{25}$

$=5$

(2)　$C(3+3i)$，$D(2+i)$

$\gamma=3+3i$，$\delta=2+i$ とおくと

$CD=|\delta-\gamma|$

$=|2+i-(3+3i)|$

$=|-1-2i|$

$=\sqrt{(-1)^2+(-2)^2}$

$=\sqrt{5}$

33 共役複素数の性質

74ページの答え

㋐ $3+i$　㋑ $4+3i$　㋒ i　㋓ 24　㋔ 24

75ページの答え

$\alpha=2+3i$, $\beta=-3+2i$ のとき，次の値を求めよ。

(1) $\overline{\alpha+\beta}=\overline{\alpha}+\overline{\beta}=\overline{2+3i}+\overline{(-3+2i)}$

$=2-3i+(-3-2i)$

$=2-3i-3-2i=-1-5i$

(2) $\overline{\alpha\beta}=\overline{\alpha}\,\overline{\beta}=\overline{(2+3i)}\,\overline{(-3+2i)}$

$=(2-3i)(-3-2i)$

$=-6+5i+6i^2=-12+5i$

← $\alpha\beta=(2+3i)(-3+2i)$
$=-6+4i-9i+6i^2$
$=-12-5i$
だから　$\overline{\alpha\beta}=-12+5i$ のように計算してもよい

(3) $\overline{\left(\dfrac{\beta}{\alpha}\right)}=\dfrac{\overline{-3+2i}}{\overline{2+3i}}=\dfrac{-3-2i}{2-3i}=\dfrac{(-3-2i)(2+3i)}{(2-3i)(2+3i)}$

$=\dfrac{-6-13i-6i^2}{4-9i^2}=\dfrac{-13i}{13}=-i$

(4) $(\overline{\alpha\beta})^2-|\overline{\alpha}|^2|\overline{\beta}|^2$ において　$\overline{\alpha\beta}=-12+5i$

$|\overline{\alpha}|=|2-3i|=\sqrt{2^2+(-3)^2}=\sqrt{13}$

$|\overline{\beta}|=|-3-2i|=\sqrt{(-3)^2+(-2)^2}=\sqrt{13}$

よって　$(\overline{\alpha\beta})^2-|\overline{\alpha}|^2|\overline{\beta}|^2$

$=(-12+5i)^2-(\sqrt{13})^2\cdot(\sqrt{13})^2$

$=12^2-2\cdot12\cdot5i+5^2\cdot i^2-13^2$

$=144-120i-25-169$

$=-50-120i$

34 極形式

76ページの答え

㋐ $\dfrac{\pi}{4}$　㋑ $\dfrac{2}{3}$

77ページの答え

偏角 θ の範囲を $0\leqq x<2\pi$ として，次の複素数をそれぞれ極形式で表せ。

(1) $-2+2i$

$-2+2i$ の絶対値を r とすると

$r=\sqrt{(-2)^2+2^2}=\sqrt{8}=2\sqrt{2}$

$\cos\theta=\dfrac{-2}{2\sqrt{2}}=-\dfrac{1}{\sqrt{2}}$, $\sin\theta=\dfrac{2}{2\sqrt{2}}=\dfrac{1}{\sqrt{2}}$

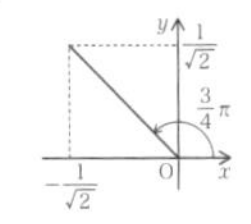

$0\leqq\theta<2\pi$ のとき，右の図から　$\theta=\dfrac{3\pi}{4}$

よって　$-2+2i=2\sqrt{2}\left(\cos\dfrac{3\pi}{4}+i\sin\dfrac{3\pi}{4}\right)$

(2) $-\sqrt{3}-i$

$-\sqrt{3}-i$ の絶対値を r とすると

$r=\sqrt{(-\sqrt{3})^2+(-1)^2}=\sqrt{4}=2$

$\cos\theta=\dfrac{-\sqrt{3}}{2}=-\dfrac{\sqrt{3}}{2}$, $\sin\theta=\dfrac{-1}{2}=-\dfrac{1}{2}$

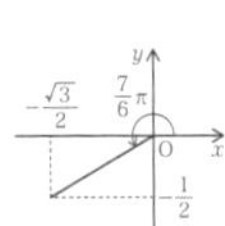

$0\leqq\theta<2\pi$ のとき，右の図から　$\theta=\dfrac{7\pi}{6}$

よって　$-\sqrt{3}-i=2\left(\cos\dfrac{7\pi}{6}+i\sin\dfrac{7\pi}{6}\right)$

35 極形式の積と商，偏角

78ページの答え

㋐ 2π　㋑ $\dfrac{7}{12}$　㋒ $\dfrac{23}{12}$

79ページの答え

$\alpha=\cos\dfrac{\pi}{6}+i\sin\dfrac{\pi}{6}$, $\beta=\cos\dfrac{\pi}{4}+i\sin\dfrac{\pi}{4}$ のとき，$\alpha\beta$, $\dfrac{\alpha}{\beta}$ をそれぞれ極形式で表せ。ただし，偏角 θ の範囲は $0\leqq\theta<2\pi$ とする。

α, β の絶対値はともに 1 だから

$\alpha\beta=\cos\left(\dfrac{\pi}{6}+\dfrac{\pi}{4}\right)+i\sin\left(\dfrac{\pi}{6}+\dfrac{\pi}{4}\right)$

$=\cos\dfrac{5}{12}\pi+i\sin\dfrac{5}{12}\pi$

$\dfrac{\alpha}{\beta}=\cos\left(\dfrac{\pi}{6}-\dfrac{\pi}{4}\right)+i\sin\left(\dfrac{\pi}{6}-\dfrac{\pi}{4}\right)$

$=\cos\left(-\dfrac{\pi}{12}\right)+i\sin\left(-\dfrac{\pi}{12}\right)$

$=\cos\dfrac{23\pi}{12}+i\sin\dfrac{23\pi}{12}$

36 複素数平面上の回転移動

80ページの答え

㋐ $-1+i$　㋑ $-1-i$　㋒ $\dfrac{1-\sqrt{3}}{2}$　㋓ $\dfrac{1+\sqrt{3}}{2}$

81ページの答え

複素数平面上に，O(0)，A(1+i)，P(z) をとって，△OAP が正三角形となるように z を定めるとき，z を求めよ。

△OAP が正三角形となるのは

$\mathrm{OA}=\mathrm{OP}$, $\angle\mathrm{POA}=\dfrac{\pi}{3}$

となるときだから，点 P は O を回転の中心として

A を $\dfrac{\pi}{3}$ または $-\dfrac{\pi}{3}$ だけ回転したものと考えることができる。

したがって

$z=\left(\cos\dfrac{\pi}{3}+i\sin\dfrac{\pi}{3}\right)(1+i)=\left(\dfrac{1}{2}+\dfrac{\sqrt{3}\,i}{2}\right)(1+i)$

$=\dfrac{1}{2}+\dfrac{i}{2}+\dfrac{\sqrt{3}\,i}{2}+\dfrac{\sqrt{3}\,i^2}{2}=\dfrac{1-\sqrt{3}}{2}+\dfrac{1+\sqrt{3}}{2}i$

$z=\left\{\cos\left(-\dfrac{\pi}{3}\right)+i\sin\left(-\dfrac{\pi}{3}\right)\right\}(1+i)=\left(\dfrac{1}{2}-\dfrac{\sqrt{3}\,i}{2}\right)(1+i)$

$=\dfrac{1}{2}+\dfrac{i}{2}-\dfrac{\sqrt{3}\,i}{2}-\dfrac{\sqrt{3}\,i^2}{2}=\dfrac{1+\sqrt{3}}{2}+\dfrac{1-\sqrt{3}}{2}i$

37 ド・モアブルの定理

82ページの答え

ア 2　イ $\dfrac{\pi}{4}$　ウ 16　エ 16

83ページの答え

$(1-\sqrt{3}\,i)^8$ を求めよ。

$1-\sqrt{3}\,i$ の絶対値は　$\sqrt{1^2+(-\sqrt{3})^2}=2$

$\cos\theta=\dfrac{1}{2}$, $\sin\theta=-\dfrac{\sqrt{3}}{2}$ を満たす θ は　$\theta=-\dfrac{\pi}{3}$

よって，$1-\sqrt{3}\,i$ を極形式で表すと

$$1-\sqrt{3}\,i=2\left\{\cos\left(-\frac{\pi}{3}\right)+i\sin\left(-\frac{\pi}{3}\right)\right\}$$

したがって，ド・モアブルの定理から

$$(1-\sqrt{3}\,i)^8$$
$$=\left[2\left\{\cos\left(-\frac{\pi}{3}\right)+i\sin\left(-\frac{\pi}{3}\right)\right\}\right]^8$$
$$=2^8\left\{\cos\left(-\frac{8\pi}{3}\right)+i\sin\left(-\frac{8\pi}{3}\right)\right\}$$
← $\{r(\cos\theta+i\sin\theta)\}^n=r^n(\cos n\theta+i\sin n\theta)$
$$=256\left\{\cos\frac{4\pi}{3}+i\sin\frac{4\pi}{3}\right\}$$
← $-\dfrac{8}{3}\pi+4\pi=\dfrac{4\pi}{3}$
$$=256\left(-\frac{1}{2}-\frac{\sqrt{3}}{2}i\right)=-128-128\sqrt{3}\,i$$

38 複素数の n 乗根

84ページの答え

ア 8　イ 2　ウ $\dfrac{k}{4}$

85ページの答え

方程式 $z^2=4i$ について，次の問いに答えよ。

(1) $4i$ を極形式で表せ。

$4i$ の絶対値は 4 だから　$4i=4(\cos\theta+i\sin\theta)$

$i=\cos\theta+i\sin\theta$

$0\leqq\theta<2\pi$ より，$\theta=\dfrac{\pi}{2}$ であるから　$4i=4\left(\cos\dfrac{\pi}{2}+i\sin\dfrac{\pi}{2}\right)$

(2) $z^2=4i$ をド・モアブルの定理を用いて解け。

$z=r(\cos\theta+i\sin\theta)$，$r>0$ とおくと，ド・モアブルの定理から

$z^2=r^2(\cos\theta+i\sin\theta)^2=r^2(\cos2\theta+i\sin2\theta)$

$z^2=4i$ と(1)より　$4\left(\cos\dfrac{\pi}{2}+i\sin\dfrac{\pi}{2}\right)=r^2(\cos2\theta+i\sin2\theta)$

よって　$r^2=4$　かつ　$\cos2\theta+i\sin2\theta=\cos\dfrac{\pi}{2}+i\sin\dfrac{\pi}{2}$

$|r|>0$ より　$r=2$　　$0\leqq\theta<2\pi$ とすると　$0\leqq2\theta<4\pi$

よって，$2\theta=\dfrac{\pi}{2}$，$\dfrac{\pi}{2}+2\pi$ より　$\theta=\dfrac{\pi}{4}$，$\dfrac{5\pi}{4}$

したがって　$z=2\left(\cos\dfrac{\pi}{4}+i\sin\dfrac{\pi}{4}\right)$，$2\left(\cos\dfrac{5\pi}{4}+i\sin\dfrac{5\pi}{4}\right)$

39 内分点・外分点

86ページの答え

ア $2+2i$　イ $-12+9i$　ウ $\dfrac{3}{2}$

87ページの答え

3点 A(α)，B(β)，C(γ) を頂点とする△ABC の重心を G(δ) とするとき，δ を α，β，γ を用いて表せ。

三角形の重心は，各辺の中点と頂点を結ぶ 3 本の中線が 1 点で交わる点であり，重心は中線を $2:1$ の比に分けるという性質がある。

したがって，辺 BC の中点を $\mathrm{M}(m)$ とすると

$$m=\frac{\beta+\gamma}{2}$$

であり，重心 G は線分 AM を $2:1$ に内分するから

$$\delta=\frac{1\cdot\alpha+2\cdot m}{2+1}=\frac{\alpha}{3}+\frac{2m}{3}=\frac{\alpha}{3}+\frac{2}{3}\cdot\frac{\beta+\gamma}{2}$$
← $\dfrac{2}{3}\cdot\dfrac{\beta+\gamma}{2}=\dfrac{\beta+\gamma}{3}$
$$=\frac{\alpha+\beta+\gamma}{3}$$

40 z の方程式の表す図形

88ページの答え

ア 3　イ 3　ウ 3　エ $-i$　オ 2

89ページの答え

次の方程式を満たす点 z 全体が，どのような図形を表すか求めよ。

(1) $|z-1+i|=4$

$|z-1+i|=4$ は

$|z-(1-i)|=4$

と変形できるから，点 z 全体は，点 $1-i$ を中心とする半径 4 の円である。

(2) $2|z-3|=|z+6|$

両辺を 2 乗して　$4|z-3|^2=|z+6|^2$

$$4(z-3)\overline{(z-3)}=(z+6)\overline{(z+6)}$$
$$4(z-3)(\bar{z}-3)=(z+6)(\bar{z}+6)$$
← $\overline{(z-3)}=\bar{z}-\bar{3}=\bar{z}-3$
$$4z\bar{z}-12z-12\bar{z}+36=z\bar{z}+6z+6\bar{z}+36$$
$$3z\bar{z}-18z-18\bar{z}=0$$
$$z\bar{z}-6z-6\bar{z}=0$$
$$(z-6)\overline{(z-6)}=36$$
$$|z-6|^2=6^2$$
$$|z-6|=6$$

すなわち，点 z 全体は，点 6 を中心とする半径 6 の円である。

41 半直線のなす角

90ページの答え

ア $2\sqrt{2}$　イ $-\dfrac{\pi}{4}$ $\left(\dfrac{7\pi}{4}\right)$　ウ $\dfrac{\pi}{4}$

91ページの答え

3点 A$(2+3i)$，B$(-4-3i)$，C(5) のとき，∠BAC の大きさを求めよ。

$\alpha=2+3i$，$\beta=-4-3i$，$\gamma=5$ とおくと

$$\frac{\gamma-\alpha}{\beta-\alpha}=\frac{5-(2+3i)}{(-4-3i)-(2+3i)}$$

$$=\frac{3-3i}{-6-6i}=\frac{-1+i}{2+2i}=\frac{(-1+i)(1-i)}{2(1+i)(1-i)}$$

$$=\frac{-1+2i-i^2}{4}$$

$$=\frac{i}{2}$$

偏角 θ の範囲を $-\pi<\theta<\pi$ として，$\dfrac{i}{2}$ を極形式で表すと

$$\frac{i}{2}=\frac{1}{2}\left(\cos\frac{\pi}{2}+i\sin\frac{\pi}{2}\right)$$

よって　$\angle\mathrm{BAC}=\dfrac{\pi}{2}$

42 放物線の方程式

本文 94・95 ページ

94ページの答え

ア 4　イ 16　ウ $-\dfrac{3}{2}$　エ $\dfrac{3}{2}$

95ページの答え

次の放物線の焦点と準線を求めよ。また，その概形をかけ。

(1) $y^2=2x$

$y^2=2x=4\cdot\dfrac{1}{2}\cdot x$ であることから，

放物線の焦点は　点 $\left(\dfrac{1}{2},\ 0\right)$，準線は　$x=-\dfrac{1}{2}$

したがって，放物線は右の図のようである。

(2) $y^2=-x$

$y^2=-x=4\cdot\left(-\dfrac{1}{4}\right)\cdot x$ であることから，

放物線の焦点は　点 $\left(-\dfrac{1}{4},\ 0\right)$，準線は　$x=\dfrac{1}{4}$

したがって，放物線は右の図のようである。

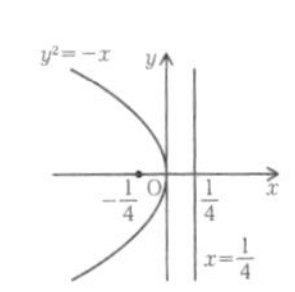

43 楕円の方程式

96ページの答え

ア 10　イ 5　ウ 3　エ 5　オ 3

97ページの答え

次の問いに答えよ。

(1) 楕円 $\dfrac{x^2}{3^2}+\dfrac{y^2}{4^2}=1$ の焦点と長軸，短軸の長さを求めよ。

$3<4$ だから，焦点は y 軸上にあって，$\sqrt{4^2-3^2}=\sqrt{7}$ だから

焦点は　$(0,\ \sqrt{7})$，$(0,\ -\sqrt{7})$

長軸の長さは　8　　短軸の長さは　6

(2) 2点 $(3,\ 0)$，$(-3,\ 0)$ を焦点とし，焦点からの距離の和が 8 である楕円の方程式を求めよ。

楕円の方程式は　$\dfrac{x^2}{a^2}+\dfrac{y^2}{b^2}=1$　$(a>b>0)$　とおける。

焦点からの距離の和が 8 だから　$2a=8$

よって　$a=4$

焦点の x 座標を c とおくと，$c=\sqrt{a^2-b^2}$ より

$c^2=a^2-b^2$

$c=3$，$a=4$　だから　$b^2=4^2-3^2=7$

すなわち　$b=\sqrt{7}$

したがって，求める楕円の方程式は　$\dfrac{x^2}{16}+\dfrac{y^2}{7}=1$ ← a^2，b^2 の形でなくてもよい

44 双曲線の方程式

98ページの答え

ア $2\sqrt{13}$　イ 6　ウ $-\dfrac{2}{3}$

99ページの答え

次の問いに答えよ。

(1) 双曲線 $\dfrac{x^2}{8}-\dfrac{y^2}{18}=1$ の焦点，頂点，漸近線を求めよ。

焦点は，$\sqrt{8+18}=\sqrt{26}$ より　$(\sqrt{26},\ 0)$，$(-\sqrt{26},\ 0)$

頂点は　$(2\sqrt{2},\ 0)$，$(-2\sqrt{2},\ 0)$

漸近線は　$y=\dfrac{3}{2}x$，$y=-\dfrac{3}{2}x$

(2) 双曲線 $\dfrac{x^2}{a^2}-\dfrac{y^2}{b^2}=1$ $(a>0,\ b>0)$ の焦点と，双曲線上の点と 2 つの焦点までの距離の差を，a，b を用いて表せ。また，この方程式が，2 点 $(5,\ 0)$，$(-5,\ 0)$ からの距離の差が 6 である双曲線を表すとき，a と b の値を求めよ。

双曲線 $\dfrac{x^2}{a^2}-\dfrac{y^2}{b^2}=1$ の焦点は　$(\sqrt{a^2+b^2},\ 0)$，$(-\sqrt{a^2+b^2},\ 0)$

焦点からの距離の差は　$2a$

次に，双曲線の焦点の条件から　$5=\sqrt{a^2+b^2}$

すなわち　$25=a^2+b^2$　……①

焦点からの距離の差が 6 だから　$2a=6$　すなわち　$a=3$

この結果を①に代入して　$25=3^2+b^2$　$b^2=16$　よって　$b=4$

$\left(このとき，双曲線の方程式は\quad \dfrac{x^2}{3^2}-\dfrac{y^2}{4^2}=1\right)$

45 曲線の平行移動

本文 100・101 ページ

100ページの答え

ア 2　イ −3　ウ y　エ 2　オ −2　カ 2　キ −1

101ページの答え

次の問いに答えよ。

(1) 双曲線 $\frac{x^2}{4}-\frac{y^2}{9}=1$ を x 軸方向に -1，y 軸方向に 2 だけ平行移動した双曲線の方程式と焦点の座標を求めよ。

移動後の双曲線の方程式は，x を $x+1$，y を $y-2$ で置き換えて

$$\frac{(x+1)^2}{4}-\frac{(y-2)^2}{9}=1$$

また，移動前の双曲線の焦点は，$\sqrt{2^2+3^2}=\sqrt{13}$ より　← $\frac{x^2}{2^2}-\frac{y^2}{3^2}=1$

$(\sqrt{13},\ 0)$，$(-\sqrt{13},\ 0)$

したがって，移動後の双曲線の焦点は，

$(\sqrt{13}-1,\ 0+2)$，$(-\sqrt{13}-1,\ 0+2)$

すなわち　$(\sqrt{13}-1,\ 2)$，$(-\sqrt{13}-1,\ 2)$

(2) 放物線 $y^2=8x$ を，x 軸方向に 2，y 軸方向に -3 だけ平行移動したとき，移動後の放物線の方程式と焦点の座標を求めよ。

移動後の放物線の方程式は，x を $x-2$，y を $y+3$ で置き換えて，

$(y+3)^2=8(x-2)$　← $y^2+6y-8x+25=0$

また，放物線 $y^2=8x$ は，$y^2=4\cdot 2x$ より，焦点は　$(2,\ 0)$

したがって，移動後の放物線の焦点は　← 焦点も平行移動する

$(2+2,\ 0-3)$　すなわち　$(4,\ -3)$

46 2次曲線と直線の共有点

本文 102・103 ページ

102ページの答え

ア 5　イ 5　ウ 5　エ 0　オ 2

103ページの答え

双曲線 $x^2-4y^2=9$ と直線 $y=x+k$ の共有点の個数を調べよ。ただし，k は定数とする。

双曲線 $x^2-4y^2=9$　……①　直線 $y=x+k$　……②

②を①に代入すると，$x^2-4(x+k)^2=9$ より

$x^2-4x^2-8kx-4k^2=9$

$3x^2+8kx+4k^2+9=0$　……③　← x の係数が偶数であることに着目

③の 2 次方程式の判別式を D とすると

$\frac{D}{4}=(4k)^2-3(4k^2+9)$　← $D=(8k)^2-4\cdot 3(4k^2+9)$ の計算を省力化

$=4k^2-27$

$=4\left(k+\frac{3\sqrt{3}}{2}\right)\left(k-\frac{3\sqrt{3}}{2}\right)$

より

$D<0 \iff -\frac{3\sqrt{3}}{2}<k<\frac{3\sqrt{3}}{2}$　……共有点 0 個

$D=0 \iff k=\pm\frac{3\sqrt{3}}{2}$　……共有点 1 個

$D>0 \iff k<-\frac{3\sqrt{3}}{2},\ \frac{3\sqrt{3}}{2}<k$　……共有点 2 個

47 接線の方程式

本文 104・105 ページ

104ページの答え

ア 4　イ 8　ウ 4　エ 12　オ 3　カ $2\sqrt{3}$

105ページの答え

点 (0, 5) から楕円 $4x^2+9y^2=36$ に接線を引くとき，その接線の方程式を求めよ。

$4x^2+9y^2=36$　……①

点 $(0,\ 5)$ を通る直線の方程式を，$y=mx+5$ とおいて，①に代入すると

$4x^2+9(mx+5)^2=36$

$4x^2+9m^2x^2+90mx+225=36$

すなわち　$(4+9m^2)x^2+90mx+189=0$

判別式を D とすると

$\frac{D}{4}=(45m)^2-(4+9m^2)\cdot 189$　← $(45m)^2$ と $189(4+9m^2)$ の公約数に着目する

$=(45^2-9\cdot 189)m^2-4\cdot 189$　← $(45m)^2=9^2\cdot 5^2m^2$，$189=9\cdot 21$

$=9^2\cdot 4m^2-4\cdot 9\cdot 21$　← $(45^2-9\cdot 189)m^2=9^2\cdot(25-21)m^2$　$4\cdot 189=4\cdot 9\cdot 21$

$=9^2\cdot 4\left(m^2-\frac{7}{3}\right)$

$D=0$ のとき，直線と楕円は接するから

$m^2-\frac{7}{3}=0$　よって　$m=\pm\frac{\sqrt{21}}{3}$

したがって，求める接線の方程式は

$y=\frac{\sqrt{21}}{3}x+5$，$y=-\frac{\sqrt{21}}{3}x+5$

48 媒介変数表示

本文 106・107 ページ

106ページの答え

ア 2　イ 1　ウ 1　エ 1　オ −1

107ページの答え

媒介変数表示される次の図形の方程式とその概形を求めよ。

(1) $x=2t+1$，$y=2-3t$

$x=2t+1$ から　$t=\frac{x-1}{2}$　← x，y だけの方程式にしたいから，t について解いて，代入する

よって　$y=2-3\left(\frac{x-1}{2}\right)=-\frac{3}{2}x+\frac{7}{2}$

これは，傾き $-\frac{3}{2}$，y 切片が $\frac{7}{2}$ の直線を表し，

そのグラフは右の図のようになる。

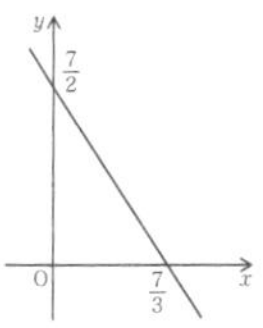

(2) $x=(2t-1)^2$，$y=t+2$

$y=t+2$ から　$t=y-2$

よって　$x=(2y-5)^2$　すなわち　$\left(y-\frac{5}{2}\right)^2=\frac{x}{4}$　……①

これは，放物線 $y^2=\frac{x}{4}$ $\left(焦点\left(\frac{1}{16},\ 0\right)，準線は\ x=-\frac{1}{16}\right)$ を

y 軸方向に $\frac{5}{2}$ だけ平行移動したものである。

よって，放物線①について

焦点 $\left(\frac{1}{16},\ \frac{5}{2}\right)$，準線は　$x=-\frac{1}{16}$

グラフは右の図のようになる。

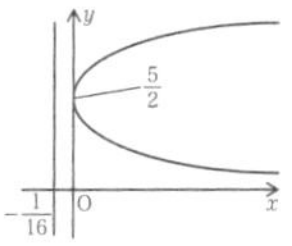

49 一般角θを用いた媒介変数表示

108ページの答え

ア 3　イ 3　ウ 2　エ 4　オ 3　カ 2

109ページの答え

次の問いに答えよ。

(1) 一般角 θ を用いて，楕円 $\dfrac{x^2}{9}+\dfrac{y^2}{16}=1$ を媒介変数表示せよ。

$9=3^2$，$16=4^2$ だから，媒介変数表示は

$$x=3\cos\theta,\ y=4\sin\theta$$

(2) $x=2\cos\theta+3$，$y=2\sin\theta-1$ はどのような曲線を表すか。

$$\cos\theta=\frac{x-3}{2},\ \sin\theta=\frac{y+1}{2}$$

これらを $\sin^2\theta+\cos^2\theta=1$ に代入して

$$\frac{(y+1)^2}{2^2}+\frac{(x-3)^2}{2^2}=1$$

よって　$(x-3)^2+(y+1)^2=2^2$

これは，点 $(3,\ -1)$ を中心とする半径 2 の円を表す。

50 極座標と直交座標

110ページの答え

ア $2\sqrt{2}$　イ $2\sqrt{2}$　ウ $2\sqrt{2}$　エ 3　オ 2

111ページの答え

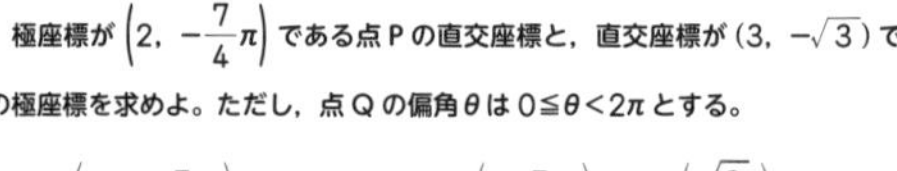
極座標が $\left(2,\ -\frac{7}{4}\pi\right)$ である点 P の直交座標と，直交座標が $(3,\ -\sqrt{3})$ である点 Q の極座標を求めよ。ただし，点 Q の偏角 θ は $0\leqq\theta<2\pi$ とする。

$\mathrm{P}\left(2,\ -\frac{7}{4}\pi\right)$ より　$x=2\cos\left(-\frac{7}{4}\pi\right)=2\cdot\left(\frac{\sqrt{2}}{2}\right)=\sqrt{2}$

$y=2\sin\left(-\frac{7}{4}\pi\right)=2\cdot\left(\frac{\sqrt{2}}{2}\right)=\sqrt{2}$

よって，点 P の直交座標は　$\mathrm{P}(\sqrt{2},\ \sqrt{2})$

直交座標が $(3,\ -\sqrt{3})$ である点 Q と原点との距離は

$$\sqrt{3^2+(-\sqrt{3})^2}=\sqrt{12}=2\sqrt{3}$$

したがって，点 Q の偏角を θ とすると

$$\cos\theta=\frac{3}{2\sqrt{3}}=\frac{3\sqrt{3}}{6}=\frac{\sqrt{3}}{2}$$

$$\sin\theta=\frac{-\sqrt{3}}{2\sqrt{3}}=-\frac{1}{2}$$

$0\leqq\theta<2\pi$ では

$$\theta=\frac{11}{6}\pi$$

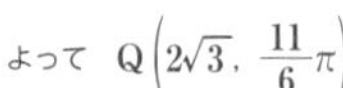
よって　$\mathrm{Q}\left(2\sqrt{3},\ \frac{11}{6}\pi\right)$

51 極方程式

112ページの答え

ア 2　イ 直角　ウ $\cos\theta$　エ 2

113ページの答え

次の図形を表す極方程式をそれぞれ求めよ。

(1) 極座標が $\left(\sqrt{2},\ \frac{\pi}{4}\right)$ である点 A を通り，始線に平行な直線

図より　$\mathrm{AB}=\sqrt{2}\sin\frac{\pi}{4}=\sqrt{2}\cdot\frac{1}{\sqrt{2}}=1$

よって　$\mathrm{PQ}=r\sin\theta=1$

したがって，求める極方程式は　$r\sin\theta=1$

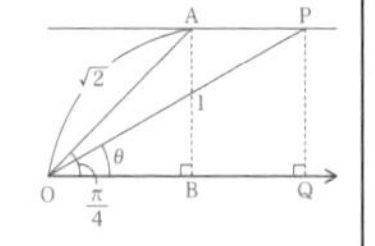

(2) 極座標が $(2,\ \pi)$ である点 B を中心とする半径 2 の円

B を直交座標で表すと，$x=2\cos\pi=-2$，$y=2\sin\pi=0$ より

$\mathrm{B}(-2,\ 0)$

ここで，$\mathrm{C}(-4,\ 0)$ となる点 C をとると

$\angle\mathrm{POC}=\pi-\theta$

$\angle\mathrm{OPC}=\frac{\pi}{2}$ だから

$\mathrm{OP}=\mathrm{OC}\cos\angle\mathrm{POC}$

$=4\cos(\pi-\theta)=-4\cos\theta$　← $\cos(\pi-\theta)=-\cos\theta$

よって，極方程式は　$r=-4\cos\theta$

52 直交座標の方程式→極方程式

114ページの答え

ア 2　イ 2　ウ 4　エ 2

115ページの答え

次のそれぞれの曲線を表す極方程式を求めよ。

(1) 楕円 $x^2+4y^2=1$

楕円上の点 $\mathrm{P}(x,\ y)$ の極座標を $(r,\ \theta)$ として，$x=r\cos\theta$，$y=r\sin\theta$ を代入すると　$(r\cos\theta)^2+4(r\sin\theta)^2=1$

$r^2(\cos^2\theta+4\sin^2\theta)=1$

$r^2(4-3\cos^2\theta)=1$

$\cos^2\theta=\dfrac{1+\cos2\theta}{2}$ を代入すると　$r^2\left(4-3\cdot\dfrac{1+\cos2\theta}{2}\right)=1$

両辺を 2 倍して　$r^2(5-3\cos2\theta)=2$

(2) 極座標が $(2,\ 0)$ である点 A を中心とする半径 2 の円

A の座標を直交座標で表すと

$x=2\cos0=2$，$y=2\sin0=0$　より　$\mathrm{A}(2,\ 0)$

したがって，点 A を中心とする半径 2 の円の方程式は　$(x-2)^2+y^2=4$

これに，$x=r\cos\theta$，$y=r\sin\theta$ を代入すると

$(r\cos\theta-2)^2+(r\sin\theta)^2=4$

$r^2\cos^2\theta-4r\cos\theta+4+r^2\sin^2\theta=4$　← $r^2\cos^2\theta+r^2\sin^2\theta=r^2(\cos^2\theta+\sin^2\theta)=r^2$

$r(r-4\cos\theta)=0$

$r\neq0$ だから　$r=4\cos\theta$

53 極方程式→直交座標の方程式

116ページの答え

ア 4　イ 2　ウ 4　エ 4

117ページの答え

極方程式 $r=\sin\theta-\cos\theta$ で表された曲線を，直交座標の方程式で表せ。

曲線 $r=\sin\theta-\cos\theta$ 上の点 P の極座標を $(r,\ \theta)$，直交座標を $(x,\ y)$ とする。

$\cos\theta=\dfrac{x}{r}$，$\sin\theta=\dfrac{y}{r}$ を代入すると

$$r=\frac{y}{r}-\frac{x}{r}$$

両辺に r を掛けて　$r^2=y-x$

一方，$r^2=x^2+y^2$ だから

$$x^2+y^2=y-x$$

すなわち　$\left(x+\dfrac{1}{2}\right)^2+\left(y-\dfrac{1}{2}\right)^2=\dfrac{1}{2}$

復習テスト 1 (本文46〜47ページ)

1 ア 1　イ 3　ウ 2　エ −　オ 1
カ 2　キ 0　ク 5　ケ 4　コ 7　サ 3
シス 21　セ 4　ソ 7　タ 3
チツ 24

解説

点Pは線分ABを2：1に内分する点であるから

$$\overrightarrow{OP}=\frac{1\times\overrightarrow{OA}+2\times\overrightarrow{OB}}{2+1}$$
$$=\frac{1}{3}\overrightarrow{OA}+\frac{2}{3}\overrightarrow{OB}$$
$$=\frac{1}{3}\vec{a}+\frac{2}{3}\vec{b}$$

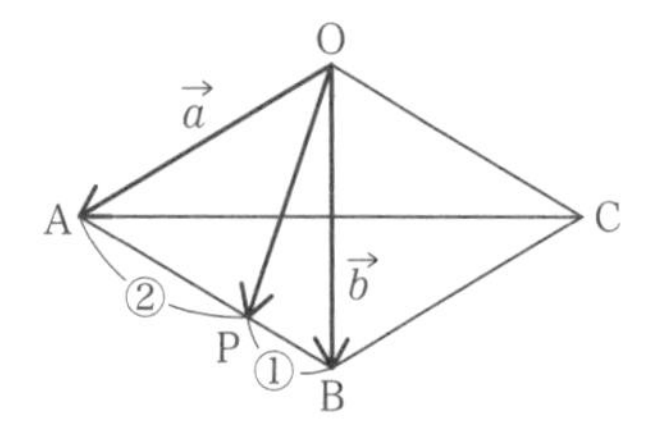

四角形OABCはひし形だから

$$\overrightarrow{OC}=\overrightarrow{AB}=\overrightarrow{OB}-\overrightarrow{OA}=\vec{b}-\vec{a}$$

よって

$$\overrightarrow{OQ}=(1-t)\overrightarrow{OB}+t\overrightarrow{OC}$$
$$=(1-t)\vec{b}+t(\vec{b}-\vec{a})$$
$$=\vec{b}-t\vec{b}+t\vec{b}-t\vec{a}=-t\vec{a}+\vec{b}$$

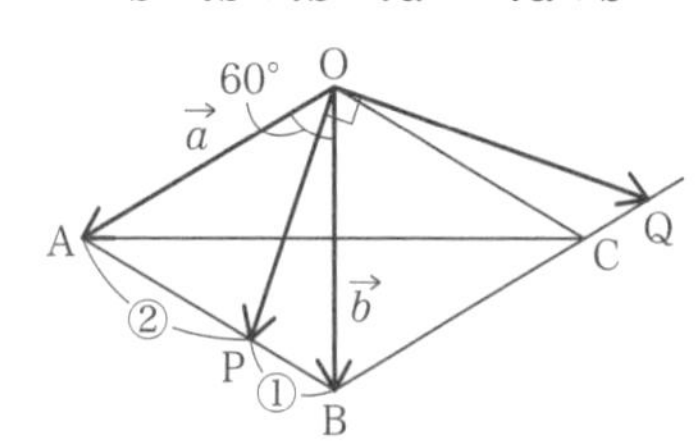

ここで

$$\angle AOB=\frac{1}{2}\angle AOC=\frac{1}{2}\times120°=60°$$

であるから

$$\vec{a}\cdot\vec{b}=|\vec{a}||\vec{b}|\cos\angle AOB$$
$$=1\times1\times\cos60°$$
$$=\frac{1}{2}$$

$\overrightarrow{OP}\perp\overrightarrow{OQ}$　より　$\overrightarrow{OP}\cdot\overrightarrow{OQ}=0$

これより

$$\left(\frac{1}{3}\vec{a}+\frac{2}{3}\vec{b}\right)\cdot(-t\vec{a}+\vec{b})=0$$
$$(\vec{a}+2\vec{b})\cdot(-t\vec{a}+\vec{b})=0$$
$$-t|\vec{a}|^2+(1-2t)\vec{a}\cdot\vec{b}+2|\vec{b}|^2=0$$

$|\vec{a}|=|\vec{b}|=1$, $\vec{a}\cdot\vec{b}=\frac{1}{2}$ だから

$$-t\times1^2+(1-2t)\times\frac{1}{2}+2\times1^2=0$$
$$\frac{5}{2}-2t=0$$
$$t=\frac{5}{4}$$

$$|\overrightarrow{OP}|^2=\overrightarrow{OP}\cdot\overrightarrow{OP}$$
$$=\left(\frac{1}{3}\vec{a}+\frac{2}{3}\vec{b}\right)\cdot\left(\frac{1}{3}\vec{a}+\frac{2}{3}\vec{b}\right)$$
$$=\frac{1}{9}|\vec{a}|^2+\frac{4}{9}\vec{a}\cdot\vec{b}+\frac{4}{9}|\vec{b}|^2$$
$$=\frac{1}{9}\times1^2+\frac{4}{9}\times\frac{1}{2}+\frac{4}{9}\times1^2$$
$$=\frac{1}{9}+\frac{2}{9}+\frac{4}{9}=\frac{7}{9}$$

よって　$|\overrightarrow{OP}|=\sqrt{\frac{7}{9}}=\frac{\sqrt{7}}{3}$

次に, $\overrightarrow{OQ}=-t\vec{a}+\vec{b}$, $t=\frac{5}{4}$ だから

$$\overrightarrow{OQ}=-\frac{5}{4}\vec{a}+\vec{b}$$
$$|\overrightarrow{OQ}|^2=\overrightarrow{OQ}\cdot\overrightarrow{OQ}$$
$$=\left(-\frac{5}{4}\vec{a}+\vec{b}\right)\cdot\left(-\frac{5}{4}\vec{a}+\vec{b}\right)$$
$$=\frac{25}{16}|\vec{a}|^2-\frac{5}{2}\vec{a}\cdot\vec{b}+|\vec{b}|^2$$
$$=\frac{25}{16}\times1^2-\frac{5}{2}\times\frac{1}{2}+1^2$$
$$=\frac{25}{16}-\frac{5}{4}+1$$
$$=\frac{21}{16}$$

よって　$|\overrightarrow{OQ}|=\sqrt{\frac{21}{16}}=\frac{\sqrt{21}}{4}$

$\angle$POQ$=90°$だから，△OPQ の面積 S は

$$S=\frac{1}{2}\times\text{OP}\times\text{OQ}=\frac{1}{2}\times|\overrightarrow{\text{OP}}|\times|\overrightarrow{\text{OQ}}|$$

$$=\frac{1}{2}\times\frac{\sqrt{7}}{3}\times\frac{\sqrt{21}}{4}=\frac{7\sqrt{3}}{24}$$

2

ア ②　イ 2　ウ 3　エ 4　オ 1
カ 4　キク -3　ケ 4　コ 1　サ a
シ a　スセ $-a$　ソ 4　タチ -3
ツ 9　テ 6　トナ $3a$　ニ 2　ヌ 2

解説

(1)　$\overrightarrow{\text{AB}}=\overrightarrow{\text{FB}}-\overrightarrow{\text{FA}}=\vec{q}-\vec{p}$

$|\overrightarrow{\text{AB}}|^2=\overrightarrow{\text{AB}}\cdot\overrightarrow{\text{AB}}$
$=(\vec{q}-\vec{p})\cdot(\vec{q}-\vec{p})$
$=\vec{q}\cdot\vec{q}-\vec{q}\cdot\vec{p}-\vec{p}\cdot\vec{q}+\vec{p}\cdot\vec{p}$
$=|\vec{p}|^2-2\vec{p}\cdot\vec{q}+|\vec{q}|^2$

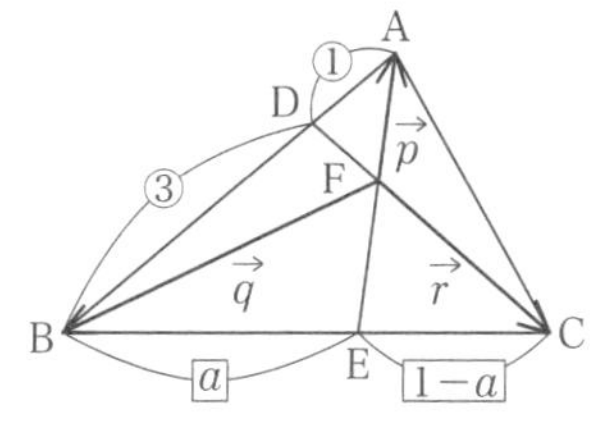

(2)　点 D は線分 AB を 1：3 に内分する点であるから

$$\overrightarrow{\text{FD}}=\frac{3\times\overrightarrow{\text{FA}}+1\times\overrightarrow{\text{FB}}}{1+3}$$

$$=\frac{3}{4}\overrightarrow{\text{FA}}+\frac{1}{4}\overrightarrow{\text{FB}}=\frac{3}{4}\vec{p}+\frac{1}{4}\vec{q}$$

(3)　$\overrightarrow{\text{FD}}=s\vec{r}$ であるから

$$s\vec{r}=\frac{3}{4}\vec{p}+\frac{1}{4}\vec{q}$$

$4s\vec{r}=3\vec{p}+\vec{q}$

よって　$\vec{q}=-3\vec{p}+4s\vec{r}$　……③

点 E は線分 BC を $a:(1-a)$ に内分する点であるから

$$\overrightarrow{\text{FE}}=\frac{(1-a)\overrightarrow{\text{FB}}+a\overrightarrow{\text{FC}}}{a+(1-a)}$$

$=(1-a)\overrightarrow{\text{FB}}+a\overrightarrow{\text{FC}}$
$=(1-a)\vec{q}+a\vec{r}$

$\overrightarrow{\text{FE}}=t\vec{p}$ であるから　$t\vec{p}=(1-a)\vec{q}+a\vec{r}$

よって　$\vec{q}=\dfrac{t}{1-a}\vec{p}-\dfrac{a}{1-a}\vec{r}$　……④

③と④により

$$-3\vec{p}+4s\vec{r}=\frac{t}{1-a}\vec{p}-\frac{a}{1-a}\vec{r}$$

よって　$-3=\dfrac{t}{1-a}$　より

$t=-3(1-a)$

また　$4s=-\dfrac{a}{1-a}$　より

$$s=\frac{-a}{4(1-a)}$$

(4)　$\overrightarrow{\text{BE}}=\overrightarrow{\text{FE}}-\overrightarrow{\text{FB}}=t\vec{p}-\vec{q}$ であるから

$|\overrightarrow{\text{BE}}|^2=\overrightarrow{\text{BE}}\cdot\overrightarrow{\text{BE}}=(t\vec{p}-\vec{q})\cdot(t\vec{p}-\vec{q})$
$=t^2|\vec{p}|^2-2t\vec{p}\cdot\vec{q}+|\vec{q}|^2$

(3)より，$|\vec{p}|=1$，$t=-3(1-a)$ であるから

$|\overrightarrow{\text{BE}}|^2=\{-3(1-a)\}^2\times1^2$
$-2\{-3(1-a)\}\vec{p}\cdot\vec{q}+|\vec{q}|^2$
$=9(1-a)^2+6(1-a)\vec{p}\cdot\vec{q}+|\vec{q}|^2$

$|\overrightarrow{\text{AB}}|=|\overrightarrow{\text{BE}}|$ より，$|\overrightarrow{\text{AB}}|^2=|\overrightarrow{\text{BE}}|^2$ であるから

$1-2\vec{p}\cdot\vec{q}+|\vec{q}|^2$
$=9(1-a)^2+6(1-a)\vec{p}\cdot\vec{q}+|\vec{q}|^2$
$6(1-a)\vec{p}\cdot\vec{q}+2\vec{p}\cdot\vec{q}=1-9(1-a)^2$
$(8-6a)\vec{p}\cdot\vec{q}=-9a^2+18a-8$
$2(3a-4)\vec{p}\cdot\vec{q}=(3a-2)(3a-4)$

よって

$$\vec{p}\cdot\vec{q}=\frac{(3a-2)(3a-4)}{2(3a-4)}=\frac{3a-2}{2}$$

復習テスト 2 (本文66〜67ページ)

1

アイ -1　ウ 0　エ 2　オ ③　カ 1
キ 2　ク 2　ケ 0　コ 5　サシ 14
スセ 70

解説

点Kの座標は

$K(0,\ 0,\ 2)$

点Lの座標は

$L(1,\ 0,\ 0)$

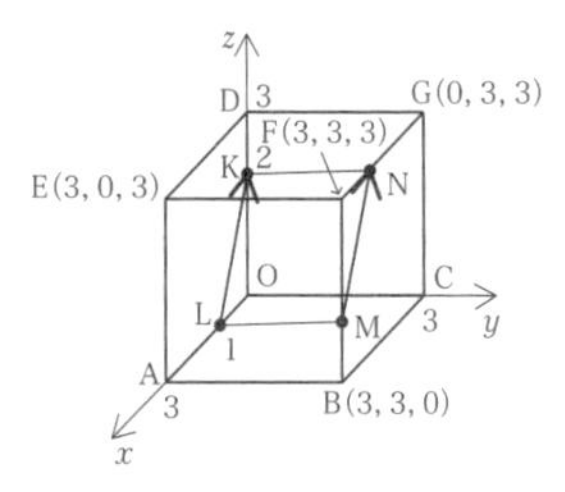

$\overrightarrow{LK}=\overrightarrow{OK}-\overrightarrow{OL}=(0,\ 0,\ 2)-(1,\ 0,\ 0)$
$=(-1,\ 0,\ 2)$

四角形KLMNが平行四辺形だから，向かい合う辺が平行でその長さが等しいことから

$\overrightarrow{LK}=\overrightarrow{MN}$

$M(3,\ 3,\ s)$，$N=(t,\ 3,\ 3)$ より

$\overrightarrow{MN}=\overrightarrow{ON}-\overrightarrow{OM}=(t,\ 3,\ 3)-(3,\ 3,\ s)$
$=(t-3,\ 0,\ 3-s)$

$\overrightarrow{LK}=\overrightarrow{MN}$ より

$(-1,\ 0,\ 2)=(t-3,\ 0,\ 3-s)$

よって　$-1=t-3$，$t=2$
$2=3-s$，$s=1$

これより　$N(2,\ 3,\ 3)$ となるから，NはFGを $1:2$ に内分する。

$L(1,\ 0,\ 0)$，$M(3,\ 3,\ 1)$ であるから

$\overrightarrow{LM}=\overrightarrow{OM}-\overrightarrow{OL}=(3,\ 3,\ 1)-(1,\ 0,\ 0)$
$=(2,\ 3,\ 1)$

$\overrightarrow{LK}=(-1,\ 0,\ 2)$，$\overrightarrow{LM}=(2,\ 3,\ 1)$ であるから

$\overrightarrow{LK}\cdot\overrightarrow{LM}=-1\times2+0\times3+2\times1=0$

内積が0だから　$\overrightarrow{LK}\perp\overrightarrow{LM}$

$|\overrightarrow{LK}|=\sqrt{(-1)^2+0^2+2^2}=\sqrt{1+0+4}$
$=\sqrt{5}$

$|\overrightarrow{LM}|=\sqrt{2^2+3^2+1^2}=\sqrt{4+9+1}=\sqrt{14}$

四角形KLMNは長方形だから，その面積は

$|\overrightarrow{LK}|\times|\overrightarrow{LM}|=\sqrt{5}\times\sqrt{14}=\sqrt{70}$

2

ア 3　イ 2　ウ 3　エ 1　オ 2　カ 1
キ 2　ク 1　ケ 3　コ 1　サ 2　シ 2
ス 0　セソ 90　タ 2　チ 1　ツ 3
テ 2　ト 3　ナ 2　ニ 2　ヌ 3

解説

(1)　$\vec{a}\cdot\vec{b}$

$=|\overrightarrow{OA}||\overrightarrow{OB}|\cos\angle AOB$
$=3\times2\times\cos60^\circ$
$=3\times2\times\dfrac{1}{2}=3$

$\vec{a}\cdot\vec{c}=|\overrightarrow{OA}||\overrightarrow{OC}|\cos\angle COA$
$=3\times2\times\cos60^\circ$
$=3\times2\times\dfrac{1}{2}=3$

$\vec{b}\cdot\vec{c}=|\overrightarrow{OB}||\overrightarrow{OC}|\cos\angle BOC$
$=2\times2\times\cos60^\circ=2\times2\times\dfrac{1}{2}=2$

$\overrightarrow{OP}=s\vec{a}$，$\overrightarrow{OQ}=(1-t)\vec{b}+t\vec{c}$ より

$|\overrightarrow{PQ}|^2=|\overrightarrow{OQ}-\overrightarrow{OP}|^2$
$=|(1-t)\vec{b}+t\vec{c}-s\vec{a}|^2$
$=\{(1-t)\vec{b}+t\vec{c}-s\vec{a}\}\cdot\{(1-t)\vec{b}+t\vec{c}-s\vec{a}\}$
$=(1-t)^2|\vec{b}|^2+t^2|\vec{c}|^2+s^2|\vec{a}|^2+2t(1-t)\vec{b}\cdot\vec{c}-2st\vec{a}\cdot\vec{c}-2s(1-t)\vec{a}\cdot\vec{b}$
$=(1-t)^2\times2^2+t^2\times2^2+s^2\times3^2+2t(1-t)\times2-2st\times3-2s(1-t)\times3$
$=4(1-t)^2+4t^2+9s^2+4t(1-t)-6st-6s(1-t)$
$=4-8t+4t^2+4t^2+9s^2+4t-4t^2-6st-6s+6st$
$=9s^2-6s+4t^2-4t+4$
$=(3s-1)^2+(2t-1)^2+2$

したがって，$|\overrightarrow{PQ}|$ が最小となるのは

$s=\dfrac{1}{3}$，$t=\dfrac{1}{2}$ のときである。

このとき，$|\overrightarrow{PQ}|^2=2$ だから

$|\overrightarrow{PQ}|=\sqrt{2}$

(2)　$s=\dfrac{1}{3}$，$t=\dfrac{1}{2}$ だから

$\overrightarrow{OP}=\frac{1}{3}\vec{a}$

$\overrightarrow{OQ}=\frac{1}{2}\vec{b}+\frac{1}{2}\vec{c}$

$$\begin{aligned}\overrightarrow{OA}\cdot\overrightarrow{PQ}&=\overrightarrow{OA}\cdot(\overrightarrow{OQ}-\overrightarrow{OP})\\&=\vec{a}\cdot\left(\frac{1}{2}\vec{b}+\frac{1}{2}\vec{c}-\frac{1}{3}\vec{a}\right)\\&=\frac{1}{2}\vec{a}\cdot\vec{b}+\frac{1}{2}\vec{a}\cdot\vec{c}-\frac{1}{3}|\vec{a}|^2\\&=\frac{1}{2}\times3+\frac{1}{2}\times3-\frac{1}{3}\times3^2=0\end{aligned}$$

よって，$\angle APQ=90°$

三角形 APQ の面積は

$$\frac{1}{2}\times|\overrightarrow{PA}|\times|\overrightarrow{PQ}|=\frac{1}{2}\times\frac{2}{3}\times3\times\sqrt{2}=\sqrt{2}$$

三角形 ABC の重心を G とすると

$$\begin{aligned}\overrightarrow{OG}&=\frac{\overrightarrow{OA}+\overrightarrow{OB}+\overrightarrow{OC}}{3}\\&=\frac{1}{3}\overrightarrow{OA}+\frac{1}{3}(\overrightarrow{OB}+\overrightarrow{OC})\\&=\frac{1}{3}\overrightarrow{OA}+\frac{1}{3}(\vec{b}+\vec{c})\end{aligned}$$

ここで，$\overrightarrow{OQ}=\frac{1}{2}\vec{b}+\frac{1}{2}\vec{c}$ より，

$\vec{b}+\vec{c}=2\overrightarrow{OQ}$ だから

$$\begin{aligned}\overrightarrow{OG}&=\frac{1}{3}\overrightarrow{OA}+\frac{1}{3}\times2\overrightarrow{OQ}\\&=\frac{1}{3}\overrightarrow{OA}+\frac{2}{3}\overrightarrow{OQ}\\&=\frac{1\times\overrightarrow{OA}+2\times\overrightarrow{OQ}}{2+1}\end{aligned}$$

よって，点 G は線分 AQ を 2：1 に内分する点である。

これより，△GPQ は右の図のようになる。

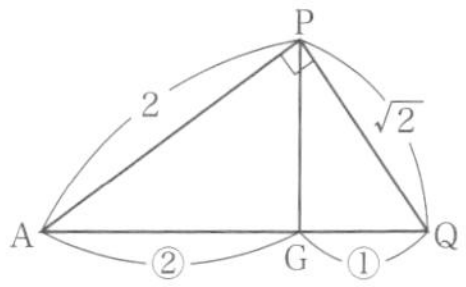

したがって，△GPQ の面積は

$$\frac{1}{3}\triangle APQ=\frac{1}{3}\times\sqrt{2}=\frac{\sqrt{2}}{3}$$

復習テスト 3 (本文92～93ページ)

1

ア 5　イ 4　ウ 3　エ 5　オ 2　カ 3
キ 5　ク 1　ケ 7　コ 4　サ 2　シ 2
ス 5　セソ 21　タ 2

解説

A(α)，すなわち A(1+i)

B(β)，すなわち B(4+5i)

において

(1)
$$\begin{aligned}|\beta-\alpha|&=|3+4i|\\&=\sqrt{3^2+4^2}\\&=5\end{aligned}$$

また，$3+4i$ を原点を中心に $\frac{\pi}{2}$ 回転させるから

$$\begin{aligned}&\left(\cos\frac{\pi}{2}+i\sin\frac{\pi}{2}\right)(3+4i)\\&=i(3+4i)\\&=3i-4\\&=-4+3i\end{aligned}$$

(2) 線分 AB の中点を表す複素数は

$$\frac{\alpha+\beta}{2}=\frac{1+i+4+5i}{2}=\frac{5+6i}{2}=\frac{5}{2}+3i$$

(3) $\gamma=x+2i$ として，P$(x+2i)$ のとき

$$\begin{aligned}\frac{\beta-\gamma}{\alpha-\gamma}&=\frac{4-x+3i}{1-x-i}\\&=\frac{(4-x+3i)(1-x+i)}{(1-x-i)(1-x+i)}\\&=\frac{(4-x)(1-x)+3i^2}{x^2-2x+2}\\&\quad+\frac{(4-x)+3(1-x)}{x^2-2x+2}i\\&=\frac{(x^2-5x+1)+(7-4x)i}{x^2-2x+2}\end{aligned}$$

この値が純虚数となればよいから

$$x^2-5x+1=0$$

$$x=\frac{5+\sqrt{21}}{2}$$

〈別解〉

$|\beta-\alpha|=5$ だから，ABを直径とする円の半径は $\frac{5}{2}$ であり，PとABの中点からの距離が $\frac{5}{2}$ となるから

$$\left|(x+2i)-\left(\frac{5}{2}+3i\right)\right|=\frac{5}{2}$$

$$\left|x-\frac{5}{2}-i\right|=\frac{5}{2}$$

x は実数だから，複素数 $x-\frac{5}{2}-i$ の実部は $x-\frac{5}{2}$，虚部は -1

したがって

$$\left(x-\frac{5}{2}\right)^2+(-1)^2=\left(\frac{5}{2}\right)^2$$

$$\left(x-\frac{5}{2}\right)^2=\frac{21}{4}$$

$$x=\frac{5}{2}\pm\frac{\sqrt{21}}{2}=\frac{5\pm\sqrt{21}}{2}$$

2

ア 5　**イ** 7　**ウ** 7　**エ** 4　**オ** 2　**カ** 5
キ 4　**ク** 7　**ケ** 4　**コ** 2　**サ** 3　**シ** 5
ス 2　**セ** 3

解説

$A(4+8i)$，$B(-4-4i)$，$C(8-8i)$ で，$\alpha=4+8i$，$\beta=-4-4i$，$\gamma=8-8i$ とおくと，複素数平面上において，点 $X(x)$，$Y(y)$ を結ぶ線分XYを $m:n$ に内分する点を表す複素数は　$\frac{nx+my}{m+n}$

したがって，線分BCを3：1に内分する点Dを表す複素数は

$$\frac{1\cdot\beta+3\cdot\gamma}{3+1}=\frac{(-4-4i)+3(8-8i)}{4}$$

$$=\frac{20-28i}{4}=5-7i$$

線分ACを3：1に内分する点Eを表す複素数は

$$\frac{1\cdot\alpha+3\cdot\gamma}{3+1}=\frac{(4+8i)+3(8-8i)}{4}$$

$$=\frac{28-16i}{4}=7-4i$$

線分ABを1：3に内分する点Fを表す複素数は

$$\frac{3\cdot\alpha+1\cdot\beta}{1+3}=\frac{3(4+8i)+(-4-4i)}{4}$$

$$=\frac{8+20i}{4}=2+5i$$

次に，$P(\delta)$，$Q(\varepsilon)$ とする。

線分ECをEを中心として $\frac{\pi}{2}$ だけ回転して x 倍することから，まず，線分ECを，Eを原点Oに移動する方向にCを平行移動した点をC′とすると

$$\gamma-(7-4i)=8-8i-7+4i$$
$$=1-4i$$

から　$C'(1-4i)$

C′を原点を中心に $\frac{\pi}{2}$ だけ回転すると

$$(1-4i)\left(\cos\frac{\pi}{2}+i\sin\frac{\pi}{2}\right)$$
$$=(1-4i)i$$
$$=i+4$$

この複素数を x 倍してから，原点OをEに平行移動する方向に移動したものがPだから

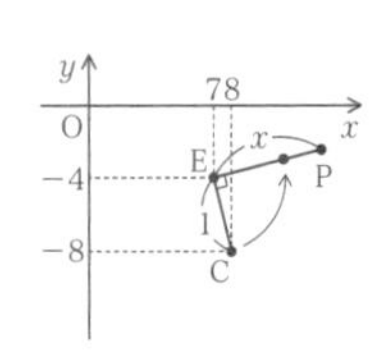

$$\delta=(i+4)x+7-4i$$
$$=4x+7+(x-4)i$$

線分FAをFを中心として $\frac{\pi}{2}$ だけ回転して y 倍することから，$Q(\varepsilon)$ も $P(\delta)$ と同様に考えて，線分FAを，Fを原点Oに移動する方向にAを平行移動した点をA′とすると

$$\alpha-(2+5i)=4+8i-2-5i$$
$$=2+3i$$

から　$A'(2+3i)$

A′を原点を中心に $\frac{\pi}{2}$ だけ回転すると

$(2+3i)\left(\cos\dfrac{\pi}{2}+i\sin\dfrac{\pi}{2}\right)$

$=(2+3i)i$

$=2i-3$

この複素数を y 倍してから，原点 O を F に平行移動する方向に移動したものが $Q(\varepsilon)$ だから

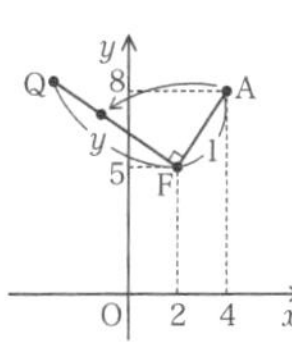

$\varepsilon=(2i-3)y+2+5i$

$=2-3y+(5+2y)i$

$y=1$ のとき　$\varepsilon=-1+7i$

さらに，線分 DP と線分 DQ のなす角が $\dfrac{\pi}{2}$ だから

$$\arg\frac{\delta-(5-7i)}{\varepsilon-(5-7i)}=\pm\frac{\pi}{2}$$

よって　$\dfrac{\delta-(5-7i)}{\varepsilon-(5-7i)}=ki$　（k は実数）

$\delta-(5-7i)=ki\{\varepsilon-(5-7i)\}$

一方　$\delta-(5-7i)$

$=4x+7+(x-4)i-(5-7i)$

$=4x+2+(x+3)i$

$\varepsilon-(5-7i)$

$=-1+7i-(5-7i)$

$=-6+14i$

だから

$4x+2+(x+3)i=ki(-6+14i)$

$=-14k-6ki$

したがって

$2x+1=-7k$

$x+3=-6k$

この 2 式の両辺を掛け合わせると

$-6k(2x+1)=-7k(x+3)$

$k\neq0$ だから

$6(2x+1)=7(x+3)$

$12x+6=7x+21$

よって　$x=3$

復習テスト 4 （本文118～119ページ）

1　**ア** 1　**イ** 6　**ウ** 1　**エ** 3　**オ** 1　**カ** 3　**キ** 1　**クケ** 36　**コサ** 32

解説

(1)　$P(x,\ y)$ とし，P から直線 $y=-2$ に下ろした垂線との交点を H とすると，$H(x,\ -2)$ であり，$A(1,\ 1)$ とすると，AP=AH だから，

$(x-1)^2+(y-1)^2=(y+2)^2$

より

$x^2-2x+1+y^2-2y+1=y^2+4y+4$

整理して

$6y=x^2-2x-2$

$y=\dfrac{1}{6}x^2-\dfrac{1}{3}x-\dfrac{1}{3}$

(2)　求める楕円を C とすると，楕円 C の中心は，焦点の中点だから，その座標は

$\left(\dfrac{3+(-1)}{2},\ 0\right)$，すなわち　$(1,\ 0)$

C を x 軸方向に -1 だけ平行移動した楕円を

C' : $\dfrac{x^2}{a^2}+\dfrac{y^2}{b^2}=1$

とおくと，C' は

焦点は $(2,\ 0)$，$(-2,\ 0)$　……①

焦点からの距離の和は 12　……②

だから，条件②から　$2a=12$，$a=6$

条件①より

$b=\sqrt{6^2-2^2}=\sqrt{32}$

したがって，楕円 C' は

C' : $\dfrac{x^2}{36}+\dfrac{y^2}{32}=1$

C' を x 軸方向に 1 だけ平行移動したものが求める楕円だから

C : $\dfrac{(x-1)^2}{36}+\dfrac{y^2}{32}=1$

2 ア 1　イ 1　ウ 2　エ 1　オ 1　カ 2　キ 1　ク 2　ケ 0　コサ −1　シス −1

解説

(1)　$x=\frac{1}{2}y^2+y$　……①

より　$x=\frac{1}{2}y^2+y=\frac{1}{2}(y+1)^2-\frac{1}{2}$

さらに，$Y^2=4pX$ の形に変形すると，

$(y+1)^2=2x+1$ より

$$(y+1)^2=4\cdot\frac{1}{2}\left(x+\frac{1}{2}\right)$$

(2)　①は放物線 $y^2=4\cdot\frac{1}{2}x$ を

x 軸方向に $-\frac{1}{2}$，y 軸方向に -1 だけ平行移動した放物線である。

放物線 $y^2=2x$ の

焦点は $\left(\frac{1}{2},\ 0\right)$，準線は $x=-\frac{1}{2}$

だから，放物線①の焦点と準線は

焦点：$\left(\frac{1}{2}-\frac{1}{2},\ 0-1\right)$

すなわち　$(0,\ -1)$

準線は $x=-\frac{1}{2}-\frac{1}{2}$

すなわち　$x=-1$

3 ア 1　イ 2　ウ 2　エ 2　オ 2　カ 5　キ 8

解説

(1)　$\frac{x^2}{4}-y^2=1$　……①

において，その漸近線は

$$y=\pm\frac{1}{2}x$$

である。

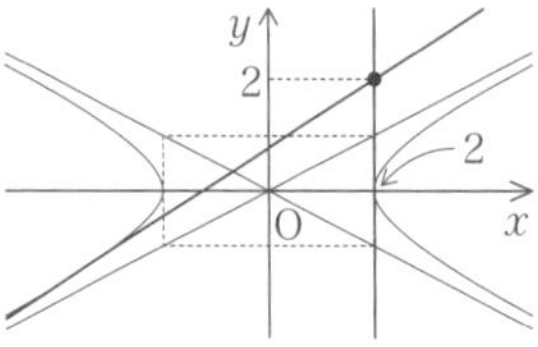

(2)　双曲線①の頂点は，$(2,\ 0)$，$(-2,\ 0)$ だから，接点が $(2,\ 0)$ である接線の方程式は

$$x=2$$

である。

(3)　$x=2$ とは異なる接線の傾きを m とおくと，接線が点 $(2,\ 2)$ を通ることから，これを表す方程式は

$y=m(x-2)+2$　……②

と表される。

①を $x^2-4y^2=4$ と変形して，②を代入すると

$$x^2-4\{m(x-2)+2\}^2=4$$
$$x^2-4\{m^2(x-2)^2+4m(x-2)+4\}=4$$
$$(1-4m^2)x^2+16m(m-1)x$$
$$-16m^2+32m-20=0\quad\cdots\cdots③$$

$m=\frac{1}{2}$ のとき，直線②は漸近線と平行だから，接することはない。よって，$m\neq\frac{1}{2}$

このとき，方程式③は x の 2 次方程式であり，判別式を D とすると

$$\frac{D}{4}=\{8m(m-1)\}^2$$
$$-(1-4m^2)(-16m^2+32m-20)$$
$$=64m^4-128m^3+64m^2$$
$$-64m^4+128m^3-80m^2$$
$$+16m^2-32m+20$$
$$=-32m+20$$

$D=0$ となるとき　　$m=\frac{5}{8}$

これは $m\neq\frac{1}{2}$ を満たす。

4 ア 3　イ 1　ウ 4　エ 3　オ 2　カキ −2　ク 3

解説

$C:r=\frac{3}{2+\sin\theta}$　……①

において，分母を払うと

$$2r+r\sin\theta=3$$

$r\sin\theta=y$ とおくと

$2r+y=3$　すなわち　$r=\dfrac{3-y}{2}$

$r^2=x^2+y^2$ にこれを代入すると

$$\left(\frac{3-y}{2}\right)^2=x^2+y^2$$

両辺を 4 倍して整理すると

$$4x^2+3y^2+6y-9=0$$

$$4x^2+3(y+1)^2=12$$

$$\frac{x^2}{3}+\frac{(y+1)^2}{4}=1 \quad \cdots\cdots②$$

ここで，楕円の概形は，右図のようだから，$y=0$ のとき，②は

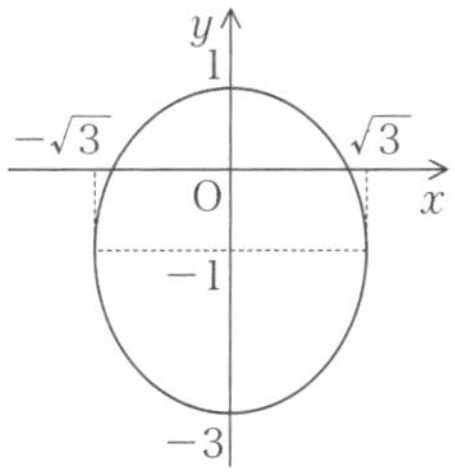

$$\frac{x^2}{3}=\frac{3}{4}$$

よって　$x=\pm\dfrac{3}{2}$

$x>0$ だから　　$x=\dfrac{3}{2}$

したがって　　$\mathrm{A}\left(\dfrac{3}{2},\ 0\right)$

　次に，点 $\left(\dfrac{3}{2},\ 0\right)$ を通る直線の傾きを m として　　$y=m\left(x-\dfrac{3}{2}\right)$

とおいて，②の直前の式に代入すると

$$4x^2+3\left\{m\left(x-\frac{3}{2}\right)+1\right\}^2=12$$

より　　$(16+12m^2)x^2-(36m^2-24m)x$
$\qquad\qquad+27m^2-36m-36=0$

この 2 次方程式の判別式を D とすると

$$\frac{D}{4}=(18m^2-12m)^2$$
$$\qquad-(16+12m^2)(27m^2-36m-36)$$
$$=36\{(3m^2-2m)^2$$
$$\qquad-(4+3m^2)(3m^2-4m-4)\}$$
$$=36\cdot4(m+2)^2$$

$D=0$ だから　　$m=-2$

よって，接線の方程式は

$$y=-2x+3$$

（注）2 次曲線と直線から判別式を用いる計算は非常に繁雑だから，接線の公式を積極的に用いるほうが有用である。

楕円②を y 軸方向に 1 だけ平行移動すると

楕円 $\dfrac{x^2}{3}+\dfrac{y^2}{4}=1$ となる。このとき，楕円②上の点 $\left(\dfrac{3}{2},\ 0\right)$ は点 $\left(\dfrac{3}{2},\ 1\right)$ に移動する。

点 $\left(\dfrac{3}{2},\ 1\right)$ における楕円の接線の方程式はその公式から

$$\frac{\frac{3}{2}\cdot x}{3}+\frac{1\cdot y}{4}=1$$

すなわち　　$y=-2x+4$

よって，楕円②の点 $\left(\dfrac{3}{2},\ 0\right)$ における接線の方程式は　　$y+1=-2x+4$

すなわち　　$y=-2x+3$